XIANCHANG CHAOBIAO DIANFEI CUISHOU
ZHUANXIANG JINENG PEIXUN JIAOCAI

现场抄表 电费催收
专项技能培训教材

王晓玲　王伟红　编著

中国电力出版社
CHINA ELECTRIC POWER PRESS

内容提要

为有效提高供电企业抄表催费员的从业素质和综合能力，作者结合新形势和新技术的实际需求，编写了本书。本书共4章，包括组织机构和岗位职责、现场抄表、电费催收、电费回收风险防范。本书对相关内容采用实际案例与法律法规分析相结合的方式进行叙述，架构合理，逻辑严谨，理念新颖，蕴文蓄彩，丰富生动，具有很强的实用性和可操作性。

本书可作为供电企业抄表、核算、收费人员及其他电力营销工作人员的培训教学用书，同时对企业相关经营管理人员和法律事务工作者解决电力电费法律纠纷也不失为一本有益的参考书。

图书在版编目（CIP）数据

现场抄表、电费催收专项技能培训教材 / 王晓玲，王伟红编著. —北京：中国电力出版社，2015.8（2017.7重印）
ISBN 978-7-5123-7919-0

Ⅰ. ①现… Ⅱ. ①王… ②王… Ⅲ. ①电能—电量测量—技术培训—教材 Ⅳ. ①TM933.4

中国版本图书馆 CIP 数据核字（2015）第 138913 号

中国电力出版社出版、发行

（北京市东城区北京站西街 19 号 100005 http://www.cepp.sgcc.com.cn）

航远印刷有限公司印刷

各地新华书店经售

*

2015 年 8 月第一版 2017 年 7 月北京第二次印刷

850 毫米×1168 毫米 32 开本 4.625 印张 129 千字

印数 3001—4500 册 定价 24.00 元

　　目前供电企业优质服务的理念不断强化和升级，而直接面对客户工作的抄表催费员代表着供电企业的整体形象和技术水平。为适应电力体制改革新形势下电力抄表催费工作的市场化要求，同时也作为目前供电公司内部抄表催费员的入职学习参考资料，本书将结合供电公司的组织机构，对目前供电公司抄表催费员的岗位职责、工作规范、服务规范，以及法律风险防范等相关内容展开叙述。同时结合实际案例，并依据电力行业相关法律法规、国家电网公司服务规范和工作规范等企业标准进行案例分析，并提炼出相应的防范措施。尤其针对目前欠费停电催费过程中存在的法律风险，如送达方式的有效性，本书将依据国家有关法律法规展开讨论；针对电费回收风险的管控，本文提出各种担保手段的应用，并结合实际案例对电费债权的诉讼时效、保证期间、抵押登记的必要性、质押权的设立等关键问题展开讨论。同时鉴于电费债权的特殊性，分析其适用范围和注意事项，提出破产客户的电费追讨，如破产债权的清偿顺序、掌握申报时机等重要问题，结合实际案例展开讨论。

　　本书由国网浙江省电力公司培训中心王晓玲和王伟红合力编著，其中王伟红负责统稿。本书在编写过程中，国网浙江省电力公司营销部给予了大力支持和指导，来自电力营销一线的基层工作人员不吝提供了实际案例和工作经验，同时本书还得到了国网浙江省电力公司培训中心领导和同事的协助，在此一并表示感谢。

　　由于时间仓促，加之水平有限，书中如有不当之处，望来函赐教！

现场抄表、电费催收
专项技能培训教材

第一章

组织机构和岗位职责

作为一名电力抄表催费员，首先应了解本岗位的工作职责，以及本公司的组织机构设置情况，这是入职学习的第一步。

📖 案例1-1　组织机构是框架，岗位职责是定位。

小明是某供电公司的新入职员工，工作岗位是抄表催费员。进入新的工作环境，小明想尽快适应角色，融入工作状态，但却又不知从何做起，平时除了帮师傅搭把下手、打印文件、整理文档等外，小明都不知道自己的工作职责是什么？岗位考核指标有哪些？岗位所属部门是什么？公司内还有其他哪些部门？……难道要一直这样下去吗？小明很是疑惑。

▨案例分析

本案例中，作为一名新入职员工，小明迫切需要了解本岗位的工作职责。只有在岗位职责的指导下进行有针对性的学习和提高，才能更快地适应角色，做好本职工作。实际工作中，也存在一些老员工对岗位职责分工的了解不够，导致与同事发生工作上的分歧和冲突。因此，岗位职责是抄表催费员入职学习的首要内容。其次，公司组织机构和基本概况也是员工应该熟知的内容。

本章将结合实际工作，介绍一般地市供电公司的组织结构设置和抄表催费员的岗位职责。

第一节　供电公司的组织机构

以地市供电公司为例，一般供电公司的组织机构以及抄表催费员所在营销部门的班组设置如图1-1所示，抄表催费员属抄表班的一个岗位，除此之外，抄表班还设有抄表技术员、抄表班班长等岗位。而负责远程自动抄表的自动抄表员，在采集运维班设岗。

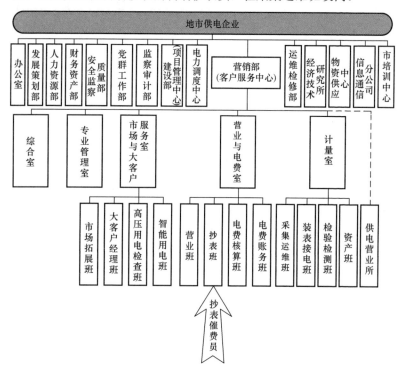

图 1-1　地市供电公司的组织机构

第二节　抄表催费员的岗位职责

抄表催费员的岗位职责，各网省公司的具体规定不同，但总体可以概括为以下几点：

（1）贯彻执行国家和上级颁发的有关政策、法律法规、企业标准等。

（2）负责管辖区所有客户的现场抄表工作，确保抄表质量。

（3）负责采集系统远程抄表失败时的现场补抄工作。

（4）负责采集系统远程抄表数据异常时的现场核查工作。

（5）负责采集系统远程抄表客户的周期性现场核抄工作。

（6）负责现场抄表数据复核工作，包括数据校核、抄表数据复核清单打印及签字存档。

（7）负责催收电费及欠费风险预控，确保国家电费足额、及时回收。

（8）负责完成班组下达的各项生产任务和考核指标，一般包括实抄率、抄表差错率、电费回收率等。其计算方法如式（1-1）～式（1-3）所示。

$$实抄率 = \frac{实抄用户数}{应抄用户数} \times 100\% \tag{1-1}$$

$$抄表差错率 = \frac{抄表差错用户数}{实抄用户数} \times 100\% \tag{1-2}$$

$$电费回收率 = \frac{实收电费金额}{应收电费金额} \times 100\% \tag{1-3}$$

从抄表催费员的岗位职责可见，不论是现场补抄、现场核查，还是周期性现场核抄，都属于现场抄表，只是侧重点不同：

现场抄表一般是对采集系统远程抄表未覆盖的客户，进行现场抄表，重在获取抄表数据。

现场补抄是对采集系统远程抄表失败的客户，进行现场抄表，重在获取现场数据，并核实采集失败原因。

现场核查是对采集系统远程抄表成功但数据异常的客户，进行现场抄表，重在核对现场数据，并核实数据异常原因。

周期性现场核抄是对采集系统远程抄表成功的客户，按一定的周期进行现场抄表，重在核对现场抄表数据，检查计量装置运行情况，并核实用电性质等。

因此，抄表催费员的岗位职责基本可分为现场抄表、抄表数据复核、电费催收等三个方面，若把抄表数据复核也作为现场抄表工作的一部分，则抄表催费员的岗位职责最终归结为现场抄表、电费催收两项内容。

第二章

现场抄表

　　现场抄表，指到客户用电地址抄录客户电能表的数据及相关工作。准确抄录各类客户的用电量，能使居民客户有计划地安排自己的生活，也可以使非居民客户正确地核算电费在企业成本中的比例，还能进一步真实反映国民经济的运行情况和各行业的发展情况；同时，供电公司本身能够准确地反映各个时期的供电量、用电量以及线损率。抄表电量的准确与否直接影响电费回收，因此严格按照规定规范抄表业务越发重要。

📖 案例2-1　用电地址不核对，红外手工随便抄。

　　小赵是某供电营业所的新入职员工，工作岗位是抄表催费员，由于工作紧张，未安排任何培训便上岗。上岗前听师傅说，抄表很简单，手持抄表机对牢电能表，按红外抄表快捷键"7"即可自动抄表，如果抄表失败则手工录入数据。小赵便按此要求去抄表，心中暗自窃喜，工作这么简单啊……就这样小赵的抄表工作完成了。

　　结果没过几天，供电营业所接到95598投诉工单，客户反映本月电量怎么这么多，银行卡直接扣掉5000元，怀疑供电公司根本没到客户电能表现场，任意估抄电量。后又接到多个类似95598工单。后经核实，小赵抄表居然未核对户号、表号，红外抄表失败后，直接强制录入数据，也未核实电量波动率情况，导致多个客户电量抄录错误而未发现……面对这么多投诉工单，供电所长一怒之下，就把试用期未满的小赵解雇了。

▓ 案例分析

作为抄表催费员，是不是只要把电能表数据抄过来就可以了？有人说应该核对用电地址后，再红外抄表，如果失败则手工录入就可以了。那么这样的情况还是会发生，某供电营业所就接到过一投诉工单，反映家里一年没住人更没用电，结果银行卡扣掉6000元的电费，而系统居然显示该客户一直采用红外抄表……

还存在某居民用电户，新装用电后客户就没有交过电费，不管自己怎么用电，《电费通知单》上始终显示零电量，客户便暗不作声，直到某一天用电普查……

还存在低压居民客户，月用电量很大，按居民电价结算。实际现场为美容美发等商业经营性用电，直接通过居民电能表出线用电，历经数月甚至数年也未被发现，更未办理任何用电变更手续……

那么到底应该如何抄表？抄表催费员究竟应遵循哪些工作规范？本章按照《中华人民共和国电力法》、《供电营业规则》、《国家电网公司电费核收工作规范》，结合实际案例具体阐述抄表方式的历史演变、现场抄表的服务规范和工作要求、远程抄表业务等内容。

第一节　抄表方式的演变

我国电能表的抄表方式从最原始的手工抄表卡抄表，到1986年开始自行研制并推广抄表机抄表；再到1994年以色列居民集抄系统进入我国，全国各地供电公司大多都开展了低压电力载波技术试点，现在各种远程抄表方式不断发展和推广。

一、手工抄表卡抄表

手工抄表卡抄表是我国电力系统最原始的抄表方式。抄表卡，即抄表清单，包括客户户号、户名、地址、上月示数等信息。例如某供电公司的抄表清单格式见表2-1。

表 2-1 抄表清单

抄表段编号：　　　　计划抄表日：　　　　抄表催费员：　　　　抄表方式：

客户编号	客户名称	用电地址	联系人	联系电话	资产编号	示数类型	上次示数	本次示数	综合倍率	欠费	异常情况

在抄表例日当天，抄表催费员按抄表顺序打印抄表清单，到客户电能表处手工抄录本月示数到抄表清单上，如图2-1所示。回供电公司后将抄表清单上数据再次录入计算机，以便进行电费计算。

这种抄表方式二次数据誊写的出错率高，抄表清单携带不方便、易于丢失，且易产生"关系电"、"人情电"、"权力电"等现象。目前我国基本上不存在手工抄表卡抄表的抄表段，但仍存在手工抄表卡抄表的个别客户，甚至不按抄表例日抄表的现象。

图 2-1　手工抄表卡抄表

案例2-2　工作量不平衡，提前抄表造假象。

某供电所，由于工作协调问题，低压客户的抄表例日集中设置在每月1日、3日，分配到每个抄表催费员的一天抄表工作量达3000户左右。为达到抄表准时率的考核要求，于是抄表催费员手持抄表卡（册）提前2～4天到客户电能表处抄表，然后在抄表例日当天把抄表卡（册）上的数据手工录入到抄表机，并上传到营销系统。

　　相关规定

《国家电网公司电费抄核收工作规范》第五条规定：严格执行

抄表制度。按规定的抄表周期和抄表例日准确抄录客户用电计量装置记录的数据。严禁违章抄表作业，不得估抄、漏抄、代抄。

第十八条规定：抄表后应当日完成抄表数据的上装。

第十九条规定：制定抄表计划应综合考虑抄表段的抄表周期、抄表例日、抄表人员、抄表工作量及抄表区域的计划停电等情况。

案例分析

本案例看似在抄表例日当天上传数据，但实际上抄表数据并非抄表例日当天数据，而是抄表例日前2～4天的数据，因此首先未按要求在抄表例日当天抄表，即未满足国家电网工作规范中"按规定的抄表周期和抄表例日准确抄录客户用电计量装置记录的数据"。

其次，产生这种现象的原因，除了抄表催费员未严格按规定抄表外，客观上也是由于抄表例日设置过于集中，抄表催费员每日的工作量严重不平衡，导致其不得不提前手工抄表，抄表例日当天又想办法录入抄表机，并上传数据，造成抄表例日当天抄表的假象。即未按国家电网要求"制定抄表计划应综合考虑抄表段的抄表周期、抄表例日、抄表人员、抄表工作量及抄表区域的计划停电等情况"。

这种方式一方面增加了额外的工作量，另一方面抄表数据二次录入出错率高，增加了抄表错误引发客户投诉的风险；同时存在抄表数据延后、数据不准确，易产生"关系电""人情电"等风险。

防范措施

一方面应合理安排抄表例日，保证抄表催费员每天的现场抄表工作量在1000户以内；另一方面可实行"实抄率"，即红外抄表率的内部考核，直接避免和控制了这一落后现象的出现。

二、普通抄表器抄表

普通抄表器又称抄表机、掌上电脑、手持终端、数据采集器等，是一种用于移动数据采集和现场数据分析处理的掌上型设备，适用于各种流动性强的领域，如电力、水力、煤气等行业的

图 2-2　普通抄表器
（北京振中 TP800）

抄表采集、票据打印等。在电力行业，抄表机是用于电能表数据采集的掌上型设备和手持数据终端。图2-2所示为北京振中TP800普通抄表器。

普通抄表器抄表的工作流程如图2-3所示。抄表催费员在抄表出发前，将抄表机连接到计算机，把客户信息从营销信息系统下载到抄表机中；然后携带抄表机到现场，在抄表机中找到该客户信息，利用红外抄表快捷键，使现场电能表的数据通过红外通信自动传送到抄表机，也可将现场电能表数据手工录入到抄表机；抄表结束后，将抄表机再次连接到计算机，抄表机内存储的抄表数据就可以上传到营销信息系统，进行电费计算了。

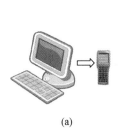

（a）　　　　　　　　　（b）　　　　　　　　　（c）

图 2-3　普通抄表器抄表流程
（a）抄表数据下载；（b）现场抄表；（c）抄表数据上传

相对原始的手工抄表卡抄表，普通抄表器抄表不仅取代了抄表卡，携带方便，还能存储大量客户信息。同时红外抄表数据准确，落实了实抄率的考核问题，保证了抄表催费员100%的现场抄表到位率，杜绝了"人情电"、"关系电"，以及随意"估抄"的现象，有利于加强抄表管理。目前我国用电户的现场抄表一律采用普通抄表器抄表，如远程抄表失败后的现场补抄、抄表数据异常时的现场核查和周期性现场核抄，以及远程自动抄表尚未覆盖的客户抄表等。

普通抄表器抄表准确率高，但如果抄表催费员操作不规范，也会导致抄表失败或数据错误等后果。下面以北京振中TP800为例，进行简单介绍。

案例2-3 严格核对表局号，红外抄表仍串表

某供电所，抄表催费员严格按红外录入方式现场抄表。某一抄表催费员使用北京振中抄表机"××186抄表"程序进行红外抄表，一切正常。但在一次抄表时，某一客户的电能表资产编号和相邻电能表后2位相同，导致红外抄表时，相邻电能表数据串进来，该客户电量突增到近5000千瓦时（正常时仅400千瓦时）。由于抄表催费员相信红外抄表数据准确，红外抄表后从未核对数据；数据复核环节确认红外抄表方式后也未进行电量校对；最后客户收到《电费通知单》，拨打95598表示不满，经工作人员耐心解释并上门妥善处理后，客户情绪才得以平息。

⊪ 相关规定

根据有关宣贯文件：智能表轮换后，使用"××186抄表"程序对国网智能电能表抄表时，可能会出现电能表数据抄不进来等问题；使用"××186抄表"程序并按快捷键"7"红外抄表时还会出现相邻电能表数据串进来等问题。因此不管是普通电子式电能表，还是国网智能电能表，都应采用"××186国网"抄表程序，此时按快捷键"7"或"帮助"键都能准确抄录数据。

《国家电网公司电费抄核收工作规范》第二十一条规定：及时对抄表数据进行校核。发现突变或分时段数据不平衡等异常，应立即进行现场核实，提出异常报告并及时报职责部门处理。

⊪ 案例分析

首先，抄表催费员现场抄表时，未能按最新的工作要求，选用正确的抄表程序"××186国网"进行红外抄表，导致串表和客户电量异常。

其次，数据复核环节，抄表催费员也未"对抄表数据进行校核"。未"发现突变"，并"进行现场核实，提出异常报告并及时报职责部门处理"；因此未按规定校核电量数据，而只是确认抄表方

式是远远不够的。

最后，发送《电费通知单》时，抄表催费员未能关注客户电量电费信息。

所幸的是，95598人员收到客户电话后，能够及时联系相关职责人员，答复客户并妥善处理了这一事件，当然这也需要抄表催费员积极配合。实际工作中也存在95598人员反馈问题后，部分抄表催费员没有引起足够重视，从而未及时答复客户引起投诉。

▶防范措施

各供电公司应重视抄表工作，结合省公司最新工作要求和最新工作动态，开展工作规范宣贯等；同时应加强考核和监督，巩固培训宣贯成果。

除此以外，红外抄表失败的原因有很多，如机械表、电能表红外通信模块故障、电能表烧坏、电能表失电（屏幕不亮）、电能表局号与抄表机内信息不符、电能表安装位置过高、抄表机未垂直对牢电能表、太阳光太强、客户安装防盗装置的红外线干扰等。但要求抄表催费员务必核实原因，自行克服困难或报相关职责部门处理，如针对太阳光太强，可自行携带遮阳伞；针对电能表安装位置过高，某供电公司发明了多功能抄表棒，可有效解决问题。当然，针对电能表故障等，应通知职责部门进行处理，避免次月红外抄表仍失败。

上述案例可见，使用抄表机抄表要注意操作规范。

（1）打开抄表机后，出现如图2-4所示主菜单界面：

1）"微机通信"用于抄表机与计算机的通信，如抄表数据下载、抄表数据上传等；

2）"客户程序"用于现场抄表、红外对时等；

3）"系统设置"用于抄表机参数的设置，如液晶背光、关机时间等；

4）"状态查询"用于查询抄表机型号、电池电量等信息。

（2）选择"客户程序"，并单击"确认"进入"程序运行"界面，如图2-5所示：

1）"××186国网"和"××186抄表"均为现场抄表程序。推行国网规约后，统一使用"××186国网"抄表程序进行现场抄表，以防使用"××186抄表"抄表程序后出现某些智能电能表抄表失败，甚至数据串表等后果，具体见案例2-3。

图2-4　主菜单界面

图2-5　程序运行界面

2）"红外对时程序"用于现场电能表的红外校时。

（3）选择"××186国网"，并单击"确认"进入"多功能抄表"界面，如图2-6所示：

1）"顺序抄表"用于按照营销信息系统设置好的顺序，依次抄表。可根据实际地理位置在营销信息系统进行设置。

2）"抄指定户"用于按局号、按户号、按表号等查找到客户后，进行抄表。

3）"统计查询"用于统计目前已抄户数、未抄户数等信息。

4）"抄表图形"以图形的形式，方便地查找目前未抄客户，以便完成工作。

5）"参数设置"用于波动率、红外模式等参数的设置。

（4）选择"顺序抄表"，并单击"确认"进入客户信息界面，如图2-7所示。在抄表现场找到该客户对应电能表后，即可利用红外抄表快捷键"7""8""9""帮助"等，进行红外自动抄表。

但应注意的是，利用快捷键"9"红外抄表须注意以下两点：

```
多功能抄表 v4.6
━━━━━━━━━━━━
1.顺序抄表
2.抄指定户
3.统计查询
4.抄表图形
5.参数设置

日期: 2013. 04. 05
时钟: 14: 05: 51
```

图 2-6　多功能抄表界面

```
户号: 6010158673
资产编号:             未抄
A020583911
石晓明                 总表
凤凰山路 4 幢 4 单元 401
倍1     区页 008033      1
上次电量:         549
上月示数: 25451.0000
本月示数: 25451.0000
位 5.2  欠费 0       红外
```

图 2-7　客户信息界面

首先，快捷键"9"红外抄表是由表箱内电能表到抄表机自动搜索客户信息的，因此只有在单表箱的情况下才可使用，否则多只电能表同时搜索会导致通信异常。

其次，只要在单表箱一定距离范围内，抄表机不需查找对应客户信息，在任一客户信息界面，按快捷键"9"均可自动抄录单表箱内的电能表数据。但考虑到抄表工作要求核对户号、局号等信息，因此必须进入对应客户信息界面，核对信息一致后红外抄表，尤其对于新装客户的首次抄表，更要做到这一点。

案例2-4　抄表师傅红外抄，系统显示抄表卡。

某供电所按最新的考核规定，要求抄表催费员严格按红外抄表。某一抄表催费员均按红外抄表快捷键"8"红外抄录数据后，按"确认"键翻到下一客户界面。但每次到抄表数据复核环节，复核人员都反映营销信息系统显示"手工（抄表卡）"，而非"远红外抄表器"方式，要求抄表催费员重新抄表。

相关规定

根据北京振中抄表机厂家介绍，红外抄表后按"确认"键，实际上是转到手工录入界面，因此虽然数据是红外抄表录入的，但此后又按"确认"键相当于又重新手工录入了一遍，所以数据上传后，营销信息系统显示为"手工（抄表卡）"方式。抄表催费员若要查找下一客户，可以按"▼"下翻键，翻到下一客户界面。

为避免抄表催费员误操作，抄表机厂家后又修改了抄表机程序，使得抄表催费员每次红外抄表后，若按"确认"键就会提示警告信息"即将修刚抄表方式为手工抄，确认继续，退出返回"，此时一定要按"返回"键，否则又会出现上述案例所示情况；当然如果确实要手工修改数据，就再次按"确认"键。

▷ 案例分析

本案例中，面对最新的工作要求，抄表催费员仍按常规做法，导致错误。

▷ 防范措施

抄表催费员应加强培训，尤其是当国家电网公司提出新的工作要求，或是一些新技术、新设备时，之前的常规做法很可能是错误的，会导致一些不必要的麻烦。

三、远程自动抄表

远程自动抄表（Automatic Meter Reading，AMR），简称远程抄表，是将智能化电能表通过通信网络与控制中心的计算机联络，实现对电量的自动、集中、定时抄录，并进行统计和分析的一种抄表方式。

最常见的远程自动抄表系统是采用分线制集中抄表方式，即由数据采集器采集单只或多只计量电能表的数据进行处理、存储，各数据采集器之间采用总线方式连接，最后连接至集中控制器上，通过Modem方式远程传输至主站服务器。系统结构如图2-8所示。然而在实际应用过程中，并非千篇一律，从中派生出许多种应用方式。

目前，远程自动抄表是依托用电信息采集系统（简称采集系统）实现远程抄表的。主要有负控终端抄表、无线集抄和低压电力载波集抄等三种方式（在营销信息系统内，无线集抄和低压电力载波集抄统称为远采集抄）。

1. 负控终端抄表

负控终端抄表是通过RS485总线和GSM/GPRS无线通信网络实现

的， GPRS是在GSM基础上发展起来的一种分组交换数据承载和传输方式。

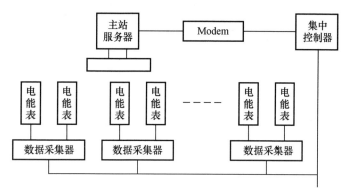

图2-8　远程自动抄表原理图

负控终端抄表的工作原理如图2-9所示。数据采集器（即负控终端）通过RS485线与电能表进行通信，采集电能表的有功、有功分时、无功、需量、时钟、事件记录等多种数据；无需集中控制器，负控终端直接通过内部安装SIM卡，经GPRS无线通信网络发送数据到主站服务器，即采集系统的服务器。采集系统定时采集现场电能表数据，如每天零点采集现场电能表的抄表数据，对于专变客户还要每隔15分钟采集现场电能表的负荷数据。在抄表例日当天，营销信息系统通过访问与采集系统的接口，获取当天零点的电能表数据，实现远程抄表。

负控终端抄表主要适用于专变客户。

2．无线集抄

无线集抄也是通过RS485线和GSM/GPRS无线通信网络实现的，其工作原理与负控终端抄表类似，如图2-10所示。与负控终端抄表不同的是，数据采集器同时与多个电能表实现通信，采集电能表的有功、有功分时、时钟、事件记录等信息。

无线集抄主要适用于用电集中的城乡低压居民客户和低压非居民客户。

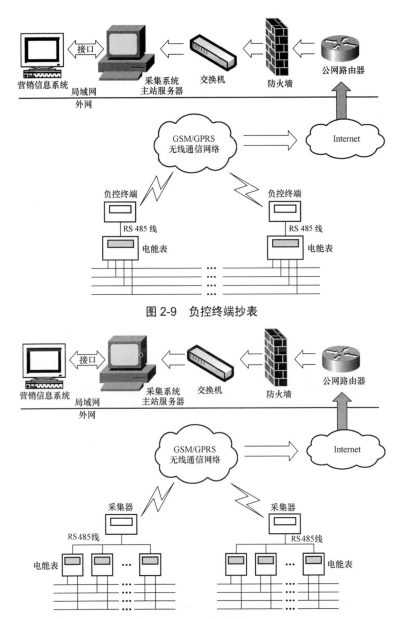

图 2-9 负控终端抄表

图 2-10 无线集抄

3. 低压载波集抄

低压载波集抄是通过低压电力线载波通信和GSM/GPRS无线通信网络实现的，其工作原理如图2-11所示。其数据采集器采用内置载波模块的载波采集器，通过RS485线与多个电能表实现通信；载波采集器将信号加载到一次低压电力线上，通过载波通信，在台区公用变压器处由集中器从低压电力线上取出信号；然后，集中器通过内部安装SIM卡，经GPRS无线通信网络发送数据到采集系统的主站服务器，实现远程自动抄表。

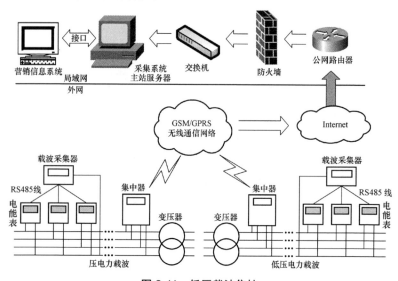

图 2-11　低压载波集抄

对于用电分散的农村零星客户，由于RS485线长度的限制，一个采集器通常只连接2～3个电能表。如果仍采用无线集抄方式，将会产生高额的通信费用，因此采用低压载波集抄，只需在所属公用变压器的集中器中安装SIM卡，即可实现移动网络通信。低压载波集抄适用于用电分散的农村零星居民客户和低压电力客户。

低压载波集抄，具有无需布线（利用一次系统电力线路）、安装使用方便、通信费用低、信号只需覆盖集中器等优点，但由于我国电力网污染严重（如变频空调、电焊机等谐波源设备的安装）导致信号畸变，低压载波集抄存在数据不准确、传输速率低等问题。

案例2-5 远程抄表有异常，采集系统来核对。

某抄表方式为远采集抄的抄表段，抄表例日为5日，抄表周期为两个月。2012年7月自动抄表员在进行自动抄表数据复核时，发现某一客户电量波动异常，电量由上月167度突增至本月2380度，执行电价为居民（一户一表）。经营销信息系统、采集系统查询信息如图2-12和图2-13所示（7月份的变更属于居民阶梯电价调整，系统自动产生）。

抄表数据	计量点电量	变压器快照	线路快照						
电能表资产号	出厂编号	示数类型	上次示数	本次示数	综合倍率	本次电量	数据来源	上次抄表日期	本次抄表日期
0001710332	0001710332	有功(总)	6627	6794	1	167	抄表	2012-07-01	2012-07-05
0001710332	0001710332	有功(谷)	2796.7	2903	1	106	抄表	2012-07-01	2012-07-05
0001710332	0001710332	有功(总)	4247	6627	1	2380	变更	2012-05-05	2012-07-01
0001710332	0001710332	有功(谷)	1282	2796.7	1	1515	变更	2012-05-05	2012-07-01

图2-12 营销信息系统抄表数据

日期	正向有功总（kWh）	←尖	←峰	←平	←谷	终端局号
2012-07-06	4596.28	0	3210.46	0	1385.82	334082100980500311201 3
2012-07-05	6794.45	0	3891.34	0	2903.11	334082100980500311201 3
2012-07-04	4563.15	0	3193.29	0	1369.86	334082100980500311201 3
2012-07-03	4551.69	0	3187.47	0	1364.22	334082100980500311201 3
2012-07-02	4536.15	0	3180.52	0	1355.63	334082100980500311201 3
2012-07-01	4518.32	0	3170.41	0	1347.91	334082100980500311201 3
2012-06-30	4505.78	0	3163.7	0	1342.08	334082100980500311201 3

图2-13 采集系统抄表数据查询界面

案例分析

本案例中，用电信息采集系统中抄表数据在7月5日存在一个数据突变，有功总表由4563.15突然跳转至6794.45，而在7月6日又恢复为4596.28。由于远程自动抄表是营销信息系统在抄表例日通过访问采集系统获取当天电能表数据，因此，营销信息系统在7月5日的抄表数据为有功总6794，正好为突变点的数据，导致了本月电量突增（7月1日的变更数据是由于居民阶梯电价调整，系统自动按天数折算产生的）。由采集系统数据可见，这一点的抄表数据不正常，应进行现场补抄，并通知采集班及时故障消缺。

由本案例可见，远程自动抄表是依托采集系统实现远程抄表的，营销信息系统获取的远程自动抄表数据，其实是由采集系统每日采集而来的抄表数据。因此远程自动抄表数据异常时，应到采集系统进行抄表数据查询，并结合营销信息系统历月电费信息，核实原因并处理。

▒ 防范措施

自动抄表员负责远程抄表数据获取、远程抄表数据复核、现场补抄工单派发、现场核查工单派发等工作。

由本案例可见，作为自动抄表员，应能够通过采集系统查询客户抄表数据，确定客户抄表数据是否正常，并初步判断数据异常原因，通知职责部门及时进行处理。

同时，为提高自动抄表结算应用率，自动抄表员还应在抄表例日前1~2天，通过采集系统"抄表数据查询"、"抄表应用预警"等模块查询对应抄表段数据获取情况，以便通知采集班及时故障消缺，提高抄表例日当天的自动抄表结算应用率。

第二节　现场抄表的服务规范

作为供电服务人员，抄表催费员上岗必须统一着装，并佩戴工号牌、安全帽，如图2-14所示。除抄表机外，必要时可配备手电筒、验电笔等工器具，并持签字笔、记事本等方便记录现场情况，携带电力宣传手册、片区经理名片等做好用电宣传。

进入客户厂区或居民小区时，应遵守客户的风俗习惯、出入登记制度等，并向有关人员出示证件、表明身份并说明来意。车辆进入厂区或居民小区不得鸣喇叭，注意停放位置不要阻碍交通，如图2-15所示。

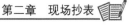

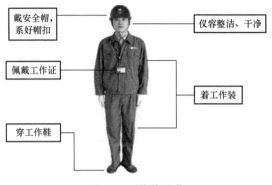

图 2-14 着装要求

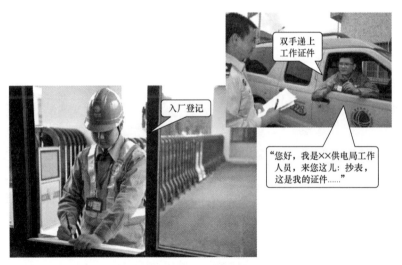

图 2-15 进入厂区服务规范

　　进入居民室内，应按门铃或轻轻敲门，同时出示证件，报明自己的身份和来意，征得客户同意后，方可进入室内，如图2-16所示。避免连续长时间按门铃，或不经同意直接强行入室等。此外，应尽量自备鞋套，穿上鞋套方可入内。

图 2-16　敲门入户服务规范

　　到客户现场工作时，应当严格遵守国家法律、法规，诚实守信、爱岗敬业；遵守国家的保密原则，不对外泄露客户的保密资料；工作期间应当使用规范化文明用语，提倡使用普通话。同时应注意自身安全，严格遵守《国家电网公司电力安全工作规程》，与带电设备保持安全距离，山区、野外抄表还应防蛇、狗咬伤等，必要时应随身携带药品。

　　现场作业过程中，应做好用电安全宣传，耐心解答客户疑问，尽量为客户考虑，争取谅解，避免与客户发生正面冲突。

案例2-6　为抄电表拆玻璃，客户误解引投诉。

　　2014年5月，供电公司现场抄表方式一般为远红外抄表器抄表，但由于吴先生家的电能表不具备远红外抄表功能，所以需进行手工抄表。吴先生家的表箱镜面玻璃属有机玻璃，导致抄表催费员手工抄表时看不清电能表示数，为便于抄表，抄表催费员把该表箱的外视玻璃拆除。当时吴先生及家人都不在家，邻居看到该情况误以为是抄表催费员在砸吴先生家的电能表，并将此事反映给吴先生。

　　5月13日，吴先生听到此事后，非常气愤，当即拨打95598投诉某供电公司的抄表催费员把他家的电能表砸了，要求调查核实并赔偿。

▶ 相关规定

《中华人民共和国电力法》第四条规定：电力设施受国家保护。禁止任何单位和个人危害电力设施安全或者非法侵占、使用电能。

▶ 案例分析

这是抄表催费员不文明上岗、行为粗鲁导致客户误会和反感的典型案例。尽管居民表箱是供电公司的资产，但保护电力设施是公民的义务，也是文明行为的表现。作为供电公司的员工，不但没有尽到宣传的义务，反而带头破坏电力公共设施，使个人形象在客户心目中大打折扣，也使供电公司的形象受到损害。

其次，抄表催费员没有和客户做好沟通工作，应通知客户、向邻居解释抄表准时率的工作要求，在取得客户理解的前提下，打开表箱铅封抄表，并告知客户会及时更换表箱。

▶ 防范措施

作为营销一线的抄表催费员，应遵循本岗位的服务规范，树立文明上岗、礼貌用语、用心服务、优质服务的良好形象，时刻注意个人行为和影响，取得客户尊重和理解，为以后的电费催收工作做好铺垫。

第三节　现场抄表的工作规范

作为一名抄表催费员，不仅要遵循基本的服务规范，具备服务意识，还要遵循本岗位的工作规范，具备一定的业务能力和水平。

现场抄表计算电费的工作流程如图2-17所示，其中抄表催费员主要负责抄表数据下载、现场抄表、抄表数据上传、抄表数据复核等四个环节。目前以手工抄表卡的抄表段已基本不存在，但个别客户红外抄表不成功时，也可以转入"手工抄表数据录入"环节，如图2-17所示。

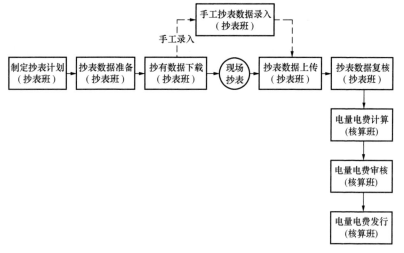

图 2-17 现场抄表计算电费的工作流程

一、抄表数据下载

在现场抄表出发前，抄表催费员应完成以下工作：

（1）抄表数据下载，首先用USB数据线将抄表机和计算机连接起来，然后打开抄表机进入主菜单，如图2-18所示。选择"微机通信"，并单击"确认"进入"微机通信"界面，如图2-19所示。再选择"进入通信状态"，并单击"确认"进入通信状态，如图2-20所示。此时便可以通过营销信息系统的操作，如图2-21所示，选中对应抄表段，"抄表机编码"选择对应编号，单击"下载"就可进行抄表数据下载了。但需注意的是：抄表数据下载之前，应保证抄表机内原有数据已上传，防止抄表机内未上传的抄表数据被覆盖。

（2）检查下载的数据是否正确、抄表机及辅助打印设备是否完好、电池是否充足等。

（3）通知相关装表人员在此期间暂停换表业务，已发起的换表流程及时归档。

图 2-18 主菜单

图 2-19 微机通信界面

图 2-20 通信状态

图 2-21 营销信息系统 "抄表数据下载" 界面

二、现场抄表

1．工作要求

按规定的抄表周期和抄表例日准确抄录客户用电计量装置记录的数据。严禁违章抄表作业，不得估抄、漏抄、代抄。

对高压新装客户应在接电后的当月进行抄表，严禁超周期抄表。

抄表结束后，供电公司应将抄表信息及时以通知单或发送短信等方式告知客户，并提供电话或网络等查询服务。目前浙江省已开通电费短信订阅服务，客户可随时通过95598服务热线、营业窗口等办理电子短信通知业务，方便及时获取本月电费信息。

案例2-7　电量估抄存隐患，加强考核是关键。

2014年4月14日，××网站发帖：某供电公司抄表催费员存在平时故意少抄电量，集中到夏天用电量大的月份来套取阶梯电费的嫌疑。发帖人提出其家电能表抄表的度数每月只有40～50度，可实际用电量却有70～80度，相差近一倍，有圈钱（阶梯电费）之嫌。该供电公司舆情值班员发现该帖后，立即向局领导报告，并启动了网络舆情应急处置预案开展调查处理。经调查发现该幢客户的电能表实际止度均明显多于系统档案中的抄见止度，存在电量估抄的可能。该片区抄表负责人是一名新进员工，但因新抄表催费员不熟悉该处的地理位置，找不到该幢楼，故两个月来，一直未到现场抄表，而是对该幢客户的电量采取了估抄。

相关规定

《国家电网公司电费抄核收工作规范》第五条规定：严格执行抄表制度。按规定的抄表周期和抄表例日准确抄录客户用电计量装置记录的数据。严禁违章抄表作业，不得估抄、漏抄、代抄。确因特殊情况不能按期抄表的，应及时采取补抄措施。

案例分析

本案例中抄表催费员随意估抄居民电费，易引起下次电量突增，若按月用电量计算阶梯会导致阶梯电费多算，多收客户电费。而2012年7月1日起执行新的居民阶梯电价政策后按年计算阶梯，阶梯电费不会多算，一年的总电费金额正确，但仍会导致当月抄见电量电费不准确、客户质疑和投诉、年底积压电费回收难等问题。其次，新更换的抄表催费员在不熟悉抄表片区的情况下仓促上岗，是导致本次事件发生的主要原因。

防范措施

企业内部加强抄表到位管理，加强现场抄表"红外抄表率"的考核，重视抄表工作质量管理，杜绝随意估抄现象。

进一步明确抄表段交接工作制度及工作责任，以防同类事件再次发生。

案例2-8 每日分配抄表段，高压首次不超期。

某供（配）电营业所一高压客户2012年5月6日申请新装用电，于5月29日通电，该户高压新装流程归档划入新区后，未及时分配抄表段，造成首次抄表时间为7月5日。之后市稽查组发现该客户首次抄表超出送电后的第一个抄表周期，列入高压客户首次抄表及时情况不达标。

相关规定

《国家电网公司电费抄核收工作规范》第六条规定：对高压新装客户应在接电后的当月进行抄表。

案例分析

抄表管理员应加强有关考核指标的管理，对新装客户，尤其是高压用电户，在业扩流程归档后应及时分配抄表段，并严格按抄表例日抄表，以满足高压客户首次抄表及时情况的考核要求。

防范措施

规范工作流程，抄表催费员应每日查询营销信息系统中"新户分配抄表段"模块中新装用电已归档客户，并将这些客户及时编入正常抄表段。同时，严格按照抄表例日抄表，杜绝已通电未抄表事件的发生。

有的供电公司未按每日查询，而是每月定期查询，如每月月末日查询并处理一次，结果还是有部分高压客户首次抄表超期，因此要求务必每日查询并处理。

此外高压客户首次抄表时，临时调整抄表计划（如临时推迟抄表时间等）、采集终端调试导致分配抄表段时间推迟等，也会造成高压客户首次抄表超期。

其他工作要求，如对于需量计费的客户，电能表的冻结时间应设置在抄表例日零点，此时现场抄表时最大需量应按冻结数据抄录；现以浙江省实际案例为例，结合本省工作规范介绍需量抄录的有关要求。

案例2-9　需量抄录大学问，一不小心少电费。

某高压客户，供电电压10kV，合同容量800 kVA，执行电价"大工业，1～10kV，三费率，按需量"，需量核定值320 kW，综合倍率1000。抄表示数复核时，营销信息系统电费台账显示：抄表例日25日抄表，抄表方式均为"远红外抄表器"，抄见需量为0.2908。经查询，采集系统抄表数据如图2-22所示：25日最大需量为0.3948，上月最大需量也为0.3948。而26日最大需量为0.2908。

日期	3...	2...	1...	9...	0	9...			最大需量(kW)	最大需量发生时间	上月最大需量(kW)	上月最大需量发生时间
2015-02-27	3...	2...	1...	9...	0	9...		4...	0	0.3158	02-26 16:30	0.3948	02-09 10:06
2015-02-26	3...	2...	1...	9...	0	9...			0	0.2908	02-25 09:47	0.3948	02-09 10:06
2015-02-25	3...	2...	1...	9...	0	9...			3...	0.3948	02-09 10:06	0.3948	02-09 10:06
2015-02-24	3...	2...	1...	9...	0	9...			3...	0.3948	02-09 10:06	0.3706	01-08 10:54
2015-02-23	3...	2...	1...	9...	0	9...			3...	0.3948	02-09 10:06	0.3706	01-08 10:54
2015-02-22	3...	2...	1...	9...	0	9...			3...	0.3948	02-09 10:06	0.3706	01-08 10:54
2015-02-21	3...	2...	1...	9...	0	9...			3...	0.3948	02-09 10:06	0.3706	01-08 10:54
2015-02-20	3...	2...	1...	9...	0	9...			395	0.3948	02-09 10:06	0.3706	01-08 10:54
2015-02-19	3...	2...	1...	9...	0	9...			3...	0.3948	02-09 10:06	0.3706	01-08 10:54

图2-22　采集系统抄表数据查询界面

相关规定

《浙江省电力公司企业标准电费抄核收管理标准》有关规定：最大需量应按冻结数据抄录，冻结时间设置在抄表例日零点。

《国网浙江省电力公司电费抄核收管理工作规范》有关规定：需量客户正常抄表例日抄表应抄录上月最大需量值，变更特抄应抄录表计当前最大需量值。需量示数应抄录整数及后4位小数。

案例分析

采集系统25日数据显示"最大需量""和"上月最大需量均为0.3948，而抄表催费员现场抄见需量为0.2908，正好与26日"最大需量"值相同，且为红外抄表。实际上由于需量是每15min内的平均有功功率，与有功电量不同，需量值不是累加的，而是分别独立的。

"最大需量应按冻结数据抄录，冻结时间设置在抄表例日零点"，抄表催费员现场抄表时，抄表例日25日的零点已过，此时需量冻结数据（即上月抄表例日零点到本月抄表例日零点的需量最大值）即全月的最大值，已保存为"上1月最大正向需量"。为方便红外抄录有功电量、无功电量等字段，抄表机默认的红外模式参数为"当前月抄表"。若需量抄表仍按红外抄表，抄录的是"当前月最大正向需量"0.2938（即抄表例日当天25日的零点到当前时间的需量最大值），而非"上1月最大正向需量"0.3948，引起需量少抄、电费少算等后果。

因此现场抄表时，针对需量客户应首先按红外抄表快捷键红外抄表后，再手工修改抄表机"需量"为电能表显示的"上1月最大正向需量"，此时需量的抄表方式为"手工（抄表卡）"，才是正常的。

需注意的是：

用电变更需特抄时，由于此时并未到抄表例日零点，因此需量最大值仍取"当前月最大正向需量"值。

本案例中抄表催费员抄见需量错误，会导致基本电费少算。按抄见需量0.2908计算，基本电费=320×40=12800元/月。而正确基本电费应为：需量抄见值=0.3948×1000=395kW，基本电费计算量值=2×（395-320×105%）+320=438kW，基本电费=438×40=17520元/月。因此少算基本电费为17520-12800=4720元/月。抄表数据复核时应及时回退流程到现场抄表环节，并到现场补抄数据，将正确的需量重新录入后，再发送流程到抄表数据复核，完成正确电费的计算发行。

当然，以上要求都是在客户电能表冻结时间按要求设置在抄表例日零点的前提下，才是正确的操作。

▶ 防范措施

首先应正确设置电能表的冻结时间，尤其是需量客户务必设置在抄表例日的零点。目前由于历史遗留问题，部分供电公司存在电能表冻结时间的设置参差不齐，有的供电公司设置电能表冻结日期不是抄表日期，有的供电公司设置电能表冻结日期是抄表日期，但不是抄表例日零点，而是抄表例日的24点，这样仍然会导致需量抄错，基本电费少算等后果。

其次，需量客户应首先按红外抄表快捷键红外抄表后，再手工修改抄表机"需量"为电能表显示的"上1月最大正向需量"。而用电变更需现场特抄时，应直接由红外抄表取"当前日最大正向需量"数值。

2．工作内容

到达抄表现场，如图2-23（a）所示。打开抄表机，按顺序进行抄表，顺序抄表的具体操作见本章第一节。

首先，应核对抄表机内户号、电能表表号等信息与现场是否一致。

（1）户号是标识用电户的唯一编号，如图2-23（a）所示，表箱上每个表位都贴有电力户号，与抄表机内"客户编号"应一致。

（2）电能表表号，又称"局号"、"资产编号"，是标识电能表的唯一编号，如图2-23（b）所示，每个电能表上都有条形码，包含了此电能表的表号等信息，应与抄表机内"资产编号"一致，具体核对方法见案例2-10。

(a)　　　　　　　　　(b)

图 2-23　电能表抄表现场

（a）电能表抄表现场；（b）表箱内单相电能表的接线

其次，应检查用电计量装置的运行情况，如电能表带电指示、脉冲指示等是否正常，"报警"指示灯是否闪烁，表箱和电能表的封印是否齐全，电能表接线是否正常等，发现异常应在记事本上记录详细情况，如有必要，汇报班长通知相关职责部门处理。

再次，按快捷键红外抄录数据，并初步校核抄表电量是否正常。如遇电量突增、电量突减等异常情况，应现场调查原因，发现异常应现场记录详细情况，如有必要，汇报班长通知相关职责部门处理。

完成抄表机内最后一户抄表后，检查是否存在漏抄客户。将抄表机退出到"多功能抄表"界面，如图2-24所示；选择"抄指定户"进入"查找类别选择"界面,如图2-25所示;选择进入"按未抄查找",如已全部抄完,则出现图2-26所示界面,否则会出现未抄客户信息,必须继续抄表直到结束。

图2-24 多功能抄表界面

图2-25 查找类别选择界面

图2-26 指定条件查找界面

案例2-10 家里一年未住人,电费扣掉6000元(核对信息防串户)。

某供电营业所受到当地媒体曝光,反映某一用电户家住某小区1幢1单元101室,以前有人居住的时候,办理了银行代扣交纳电费。后来一家人出门做生意,一年多时间都无人居住更没用电,结果银行卡扣掉6000多元的电费。

经查询,营销信息系统显示该客户一直采用红外抄表。经现场核实才发现,该客户电能表与相邻102室的电能表装错位置,抄表催费员只核对了用电地址,却未核对电能表资产编号等信息,实际红外抄表是抄录了102室的用电量,即101室用电户一直在为102室交电费。之前两家均用电,客户未发现异常,现在家里无人居住,居然仍产生了6000多元的电费,并直接通过银行代扣掉了。

⇨ 相关规定

《国家电网公司电费抄核收工作规范》第十九条规定:抄表时,认真核对客户电能表箱位、表位、表号、倍率等信息,检查电能计量装置运行是否正常，封印是否完好。对新装及用电变更客户，应核对并确认用电容量、最大需量、电能表参数、互感器参数等信息，做好核对记录。

案例分析

本案例中抄表催费员现场抄表时，只核对了用电地址，却未按规定"认真核对客户电能表箱位、表位、表号、倍率等信息"，导致现场电能表"串户"却未能及时发现，直至媒体曝光。实际工作中某些抄表催费员坚持个人习惯，从不核对电能表信息，导致某些老的小区客户电能表串户、电费错收等问题长期不被发现。

也有部分客户反映电费信息与本人用电量情况不符的，此时抄表催费员应注意是否存在"串户"，而不能对客户一味的敷衍塞责。当然，抄表催费员不应坐等客户到媒体曝光再行解决，而应主动发现问题，杜绝类似现象的发生。

防范措施

近年来，由于历史遗留问题，"串户"时有发生，有的甚至媒体曝光后才被发现。因此，为防患于未然，首先应从源头上坚决杜绝，即装电人员必须严格按照装接单安装电能表，务必保证接线正确、核实无误。而作为抄表催费员，也应严格按规定做好日常抄表工作。

首先，抄表催费员应严格按规定"核对客户电能表箱位、表位、表号、倍率等信息"，即主要核对电能表表号、户号等信息，抄表机内与现场是否一致：

（1）应核对抄表机内户号与现场是否一致。如图2-27（a）所示现场电能表箱上每个表位都贴有电力户号，此编号应与图2-27（b）所示抄表机内"客户户号"一致。若现场表箱未贴电力户号，但贴有用电地址，也可通过用电地址代替户号进行核对。

（2）表号即电能表的资产编号，也称局号。应核对抄表机内资产编号与现场是否一致。如图2-27（a）所示现场电能表条形码数字部分，从倒数第二位开始往前数10位数字，即为资产编号（注意最后1位数字是校验码，不属于资产编号）。图中电能表资产编号为"0007402795",当然也可以按条形码右上角"No.0007402795"确定电能表资产编号。图2-27（b）为抄表机内客户信息界面，资产编号的数字部分，即为抄表机内的电能表资产编号，图中为007402795，不足10位的前面以零补足，因此抄表机内电能表资产编号与现场电能表一致。

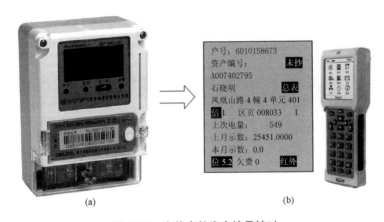

(a)　　　　　　　　　　　　　(b)

图 2-27　电能表的资产编号核对

(a) 现场电能表；(b) 抄表机内客户信息界面

新装小区首次抄表时，抄表催费员务必严格做到核对抄表机内电能表表号、户号等信息与现场是否一致以规避电能表装接错误，引起电量电费错收、电量不正常翻转等引发客户投诉，以及社会舆论对企业的不利影响。

老小区可以做一次彻底的"串户"大排查，核对抄表机内电能表表号、户号等信息与现场是否一致。一旦发现确实存在串户问题的，应采取以下方式及时处理。

（1）若两客户自电能表装错位置以来，一直未被发现，且采用红外抄表的，如同一表箱的相邻用电户，红外抄表数据互串，但显示红外抄表成功，正如本案例所示情况。此时一旦发现串户，应及时换新表，并进行电量电费退补。

（2）若两客户自电能表装错位置以来，一直未被发现，且采用手工强行录入数据的，此时客户电量电费正确，但电能表错位无法红外抄表，应及时换新表，保证下一月红外抄表成功，但不必退补电量电费。

现场抄表时，应核对抄表机内电能表表号、户号等信息与现场是否一致。除了规避"串户"异常外，也可以规避电能表轮换、日常换表等引起的"拆表冲突"问题，拆表冲突的具体处理方式见案例2-11。

案例2-11　居民电费8万元，拍成照片传微博（核对信息防拆表冲突）。

某居民用电户，每月4日抄表。7月23日，因采集系统建设需要，供电公司对该客户的电能表进行了轮换。到8月4日现场抄表时，该户表计现场已换，但系统流程尚未结束。抄表催费员未严格按规定核对电能表局号，直接进行红外抄表，红外通信异常后，抄表催费员便强行将新表读数1109录入了抄表机，导致已被轮换的旧表产生错误电量3238kWh（旧表底度为97871，100000－97871＋1109＝3238kWh），因当期电量与客户平常用电水平大致吻合，故未发现该差错。

8月9日，该户换表流程正常归档，记录了原拆回表计存度99396，因之前抄见示度被错误地录入为1109，因此产生了错误的拆表电量98287kWh（99396－1109＝98287kWh）。

10月4日，该户电量再次抄收，旧表的错误电量已被计算，即产生9万余度的后台电量差错。10月5日，电费复核人员发现该户电量电费波动异常，发还抄表催费员进行核查，但抄表催费员只注意现场新电能表电量没有抄错，疏忽了后台的错误电量，复核人员也未进行再次核实，造成该笔电费正式出账。

10月6日，抄表催费员在打印《电费通知单》时发现了该笔电费差错，随即上报处理，并及时进行纠正发起电费退补流程。但未在第一时间与客户进行沟通联系，也未与后续的有关工作人员进行有效衔接。

10月8日，抄表班内勤人员也因为疏忽，没有把该户号从催费清单中剔除，导致客户收到了《催费通知书》。

10月12日，该居民客户拨打95598反映8万多的电费，当天16:50至18:00之间，客户连续5次拨打95598，工作人员都没有把事情说清楚，客户一气之下将电费单拍照上传到微博上。次日《××报》刊登了《8万元电费单》的报道。

▶ 相关规定

《国家电网公司电费抄核收工作规范》第十九条规定：抄表时，认真核对客户电能表箱位、表位、表号、倍率等信息，检查电能计量装置运行是否正常，封印是否完好。对新装及用电变更客户，应核对并确认用电容量、最大需量、电能表参数、互感器参数等信息，做好核对记录。

发现客户电量异常、违约用电、窃电嫌疑、表计故障、有信息（卡）无表、有表无信息（卡）等异常情况，做好现场记录，提出异常报告并及时报职责部门处理。

第二十一条规定：及时对抄表数据进行校核。发现突变或分时段数据不平衡等异常，应立即进行现场核实，提出异常报告并及时报职责部门处理。

▶ 案例分析

这是拆表冲突的典型案例，现场已换表，但营销系统内换表流程尚未结束，抄表催费员强行将新表示数录入系统，实际上由于换表流程未归档，系统内仍作为旧表示数计算，上月示数97871，本月示数1109，系统认为是正常翻转，因此产生电量100000-97871+1109=3238kWh。实际上这是完全错误的。次月10月4日抄表时，换表流程已归档，并录入了旧表存度99396，系统认为旧表上月示数1109，拆表示数99396，因此后台产生拆表电量99396-1109=98287kWh。若此时正常抄录10月新表电量（本案例未说明），那么差错电量会更大，如新表抄表示数1635，则系统认为新表电量1635-0=1635kWh，则产生10月总电量98287+1635=99922kWh。而正确的用电量应为99396-97871+1635=3160kWh，因此应退客户电量=3238+99922-

3160=100000kWh，如此巨额的电费差错实在不应出现。

当出现拆表冲突时，抄表机内电能表表号与现场不符，而抄表催费员忽略了核对电能表表号、户号这一环节，是导致这一恶劣影响事件的根本原因。

首先，抄表催费员未严格按规定"认真核对客户电能表箱位、表位、表号、倍率等信息"，即未核对电能表表号、户号，因此未能发现拆表冲突的异常。核对电能表表号、户号的方式参见案例2-10。

其次，抄表催费员红外通信异常后，并没有核实原因，而是直接强行手工录入现场电能表的数据，由于巧合，按正常翻转当月电量并没有超出正常范围，因此未发现此错误。实际工作中抄表催费员红外抄表失败即强行手工录入，或直接零电量处理的错误做法，是导致后续舆情纠纷和抄表事故的一大隐患。

再次，10月份再次抄收时，数据复核环节发现了该客户的电量波动异常，只是现场核实，却疏忽了后台电量的错误。实际上此时抄表催费员到现场是发现不了问题的，而面对如此巨额的电量电费，却还能继续流程下发，这是工作责任心严重不足的表现。

而后，电费审核人员面对月电费8万多的居民客户，其实也应发现这一异常。

然后，抄表催费员在递送《电费通知单》时发现了这一异常，及时发起退补流程，却未与客户沟通，也未重新打印发送《电费通知单》。而且更严重的，还为这一客户发放了《催费通知书》。从6日抄表催费员发现8万多元电费实属错误，到12日客户向媒体曝光期间，抄表催费员这6天均未向客户做任何沟通、解释工作。抄表催费员除了未按规定完成工作以外，还缺乏为客户服务的意识。

最后，客户拨打95598后，95598人员也没有及时处理，导致客户拍照片传微博，引起媒体曝光。

▦ 防范措施

（1）抄表催费员应严格按工作规范"认真核对客户电能表

箱位、表位、表号、倍率等信息"，即核对电能表表号、户号等信息。

（2）若确认为拆表冲突，则可按以下方式之一进行处理：

1）把换表客户从电费流程拆分工单，并终止拆分的流程，然后通知相关人员将换表流程归档后，由抄表催费员发起临时抄表计划，并当天结束抄表流程。

2）若换表流程确实暂时无法归档的，可回退流程到抄表催费员，由抄表催费员将当前示数修改为拆表底度后，再进行电费计算。此时电费信息只包含了旧表电量，不包含新表电量。同时应督促相关人员及时归档结束换表流程。

（3）严禁抄表催费员一旦红外通信失败，不核实原因，直接强行手工录入电能表数据的错误做法。

案例2-12 低压单相零电量，原来接线有错误（检查接线勿马虎）

某供电公司存在一些低压单相用电户，用电量长期为零，稽查人员经采集系统查询，发现客户反向有功总电量很大，经现场核实，绝大多数客户是电能表中性线、相线接反，还有一部分客户是电能表进出线被短接。

▶ 相关规定

《国家电网公司电费抄核收工作规范》第十九条规定：抄表时，认真核对客户电能表箱位、表位、表号、倍率等信息，检查电能计量装置运行是否正常，封印是否完好。

发现客户电量异常、违约用电、窃电嫌疑、表计故障、有信息（卡）无表、有表无信息（卡）等异常情况，做好现场记录，提出异常报告并及时报职责部门处理。

▶ 案例分析

由于智能电能表的大面积轮换，接线错误难以避免。中性线、相线接反时，普通电子表不影响电能量的计量；而智能电能表会在第三象限出现电量，而第一象限用电量为零，因此导致客户正常用电却长期不交电费，被发现后要求退补电费易引起客户投诉等不良影响。

首先，电能表装接人员应加强考核和管理。

其次，抄表催费员现场抄表务必"检查电能计量装置运行是否正常"，如检查电能表屏幕显示、接线等是否正常，是否存在异常报警。

再次，针对电量异常的客户，如零电量，应现场核实原因，是否正常未用，是否接线错误，有无窃电嫌疑、电能表停走等，发现异常应"做好现场记录，提出异常报告并及时报职责部门处理"。

▓ 防范措施

除了低压单相电能表外，三相电能表也存在失压报警、断流报警等异常，而长期不被发现和处理，经核实为电压回路虚接、客户窃电、电能表检定后电压连接片未闭合等原因引起。

随着片区经理制的推行，抄表催费员也应掌握基本的电能表装接知识，并在实际工作中加强"检查电能计量装置运行是否正常"。单相电能表的接线如图2-23（b）所示，黄线、绿线、红线分别代表A相、B相、C相的相线，蓝线为中性线，较细的红线、蓝线为RS485线。

3．抄表异常处理

现场抄表时，若发现客户电量异常、违约用电、有窃电嫌疑、表计故障、有信息（卡）无表、有表无信息（卡）等异常情况，做好现场记录，提出异常报告并及时报职责部门处理。

首先，核对户号、电能表资产编号时，若抄表机信息与现场不一致，则：

（1）应检查现场电能表是否已换新表，或通过营销系统核实是否有在途的换表流程，即拆表冲突；

（2）应检查同一抄表段其他资产编号不一致的客户是否存在串户，或联系客户结合用电负荷判断是否存在串户。串户、拆表冲突的处理方式分别见案例2-10、案例2-11。

其次，检查用电计量装置的运行情况时：

（1）若电能表出现过载烧坏、停走等计量故障时，本期抄见电量可按采集系统最近的抄表数据确定电量，或按照零电量处理；

（2）若遇电能表封印不全、报警等，应现场调查原因，若有违约用电、窃电等嫌疑，应保护现场，及时汇报班长通知用电检查班到现场处理。

再次，红外抄表后初步校核抄表电量，若发现有电量突增或突减：

（1）应检查抄表机红外抄录读数与电能表现场示数是否一致；

（2）判断是否季节性变化引起用电量的正常波动；

（3）联系客户核实本月实际用电情况；

（4）检查电能表是否有停走、过载烧坏等计量故障；

（5）核实现场用电性质，是否存在高价低接现象；

（6）检查电能表接线，是否存在绕越计量装置用电、短接电流进出线等窃电行为。

若发现零电量，尤其是上月有电量、本月无电量的，应重点现场调查，是否正常未用；是否电能表停走；检查电能表接线，是否存在单相电能表中性线和相线接反、绕越计量装置用电等。

最后，若遇客户"门闭"，即无法进入客户电能表安装地点，导致不能正常抄表时，根据《供电营业规则》第八十三条："由于客户的原因未能如期抄录计费电能表读数时，可通知客户待期补抄或暂按前次用电量计收电费，待下次抄表时一并结清。"门闭客户应按以下方式处理：

（1）采取"暂按前次用电量计收电费"即估抄方式时，应按"前次用电量"估抄，而不是按零电量估抄或任意估抄。而且，采用估抄措施也只是暂时的，"待下次抄表时一并结清，"即下次抄表务必实抄，切勿无限期地估抄。

（2）采取"通知客户待期补抄"即补抄方式时，应联系客户抄表日当天完成补抄；确实无法当天完成的，可约定当月其他时间补抄，通过发起临时抄表计划产生电费应收。

案例2-13　门闭估抄有学问，实抄总比估抄好。

某供电营业所一低压居民客户，抄表数据复核时，发现该客户5月份抄表电量4862kWh，抄表方式为"远红外抄表器"。而历月电费台账信息如图2-28所示，且2012年1～4月抄表方式均为"手工（抄表卡）"。经现场核实：客户电能表安装位置已被隔壁客户围入围墙内，且表箱无透视窗；因此2012年1～4月因无法进入抄表而进行了估抄，5月抄表时经联系客户，进入室内抄表，电量达4862kWh。

应收年月	电费类别	总电量	应收金额	实收电费	应交电费	应交违约金	实收违约金	划拨期数
201204	正常电费	0	0.00	0.00	0.00	0.00	0.00	0
201203	正常电费	0	0.00	0.00	0.00	0.00	0.00	0
201202	正常电费	215	121.67	121.67	0.00	0.00	0.00	0
201201	正常电费	96	53.03	53.03	0.00	0.00	0.00	0

图2-28　客户历月电费台账信息

　相关规定

《国家电网公司电费抄核收工作规范》第五条规定：严格执行抄表制度。按规定的抄表周期和抄表例日准确抄录客户用电计量装置记录的数据。严禁违章抄表作业，不得估抄、漏抄、代抄。确因特殊情况不能按期抄表的，应及时采取补抄措施。

第十九条规定：因客户原因未能如期抄表时，应通知客户待期补抄并按合同约定或有关规定计收电费。

《供电营业规则》第八十三条规定：供电企业应在规定的日期抄录计费电能表读数。由于客户的原因未能如期抄录计费电能表读数时，可通知客户待期补抄或暂按前次用电量计收电费，待下次抄表时一并结清。

《国家电网公司电费抄核收工作规范》第二十条规定：（远程抄表时）当抄表例日无法正确抄录数据时，应在抄表当日进行现场补抄，并立即报职责部门进行消缺处理。

　案例分析

实际工作中由于门闭抄不到表的情况很多。本案例中，连续4

个月估抄，且估抄电量任意确定，有时零电量，有时100kWh，有时200kWh。导致5月份实抄时，电量积压到近5000kWh，这种情况很容易引起客户投诉，质疑巨额电费，即使做沟通工作也未必能取得客户谅解。因此抄表工作应尽量避免估抄，即使采用估抄也应严格按照工作规范，并按"前次用电量"估抄，切勿任意估抄。

首先，现场抄表若遇"门闭"抄不到表，按规定可以"通知客户待期补抄"，也可以"暂按前次用电量计收电费"即估抄。但不是按零电量估抄或任意估抄，而是按"前次用电量"估抄。

其次，即使采用估抄措施，也只是暂时的，不能无限期的估抄。"待下次抄表时一并结清，"即下次抄表务必实抄。建议采取估抄的客户，在下次抄表日前，抄表催费员应联系客户完成特抄工作，避免实际用电量与电费脱节，引起客户投诉等。

同时，对于用电量较大的高压客户，现场抄表若遇"门闭"，建议采用"通知客户待期补抄"方式，联系客户抄表日当天完成补抄；确实无法当天完补抄的，可约定当月其他时间补抄，通过发起临时抄表计划产生电费应收，以保证电量抄录准确，电费计算正确并回收及时。

当然，与现场抄表遇"门闭"补抄不同，远程抄表时若遇获取数据失败，"应在抄表当日进行现场补抄。"

▸防范措施

尽快与客户沟通协商，实施外移表计，规范抄表。

门闭客户应按规定采取估抄或补抄措施，严禁零电量估抄，或无限期地估抄。

📄 案例2-14 居民用户大电量，高价低接需核实。

某低压居民用电户，抄表数据复核时，发现2012年12月抄表电量为1590kWh，而历月电费台账信息如图2-29所示，抄表方式为均为"远红外抄表器"。现场核实后，发现该客户现场经营美容美发店，但为了使用方便和节省开支，没有向当地供电公司办理相关用电业务变更手续，而是直接通过居民电能表出线进行房屋装修并经营美容美发店，现场用电性质已全部为商业用电。

应收年月	电费类别	总电量	应收金额	实收电费	应交电费	应交违约金	实收违约金	划拨期数
201211	正常电费	39	20.98	20.98	0.00	0.00	0.00	0
201210	正常电费	78	41.96	41.96	0.00	0.00	0.00	0
201209	正常电费	181	97.38	97.38	0.00	0.00	0.00	0
201207	正常电费	334	165.91	165.91	0.00	0.00	0.00	0

图 2-29　客户历月电费台账信息

相关规定

《供电营业规则》第三十五条规定：用户改类，须向供电企业提出申请，供电企业应按下列规定办理：

1. 在同一受电装置内，电力用途发生变化而引起用电电价类别改变时，允许办理改类手续；

2. 擅自改变用电类别，应按本规则第一百条第 1 项处理。

《供电营业规则》第一百条规定：在电价低的供电线路上，擅自接用电价高的用电设备或私自改变用电类别的，应按实际使用日期补交其差额电费，并承担二倍差额电费的违约使用电费。使用起讫日期难以确定的，实际使用时间按三个月计算。

《国家电网公司电费抄核收工作规范》第十九条规定：（现场抄表时）发现客户电量异常、违约用电、窃电嫌疑、表计故障、有信息（卡）无表、有表无信息（卡）等异常情况，做好现场记录，提出异常报告并及时报职责部门处理。

第二十一条规定：及时对抄表数据进行校核。发现突变或分时段数据不平衡等异常，应立即进行现场核实，提出异常报告并及时报职责部门处理。

案例分析

本案例为用电户高价低接的典型案例，抄表催费员除了应按规定抄表操作外，还应核实客户现场的用电性质，发现高价低接等违约用电情况，应做好现场记录，提出异常报告并及时报职责部门（即用电检查班）处理。即使现场抄表时未发现，或采用远程抄表方式未到现场，也应在抄表数据复核时，针对电量突变客户进行现场核实，并及时处理。

实际工作中，抄表催费员往往忽略了这一点，导致低压居民客户连续多月大电量按居民电价结算。实际现场为美容美发等商业经营性用电，直接通过居民电能表出线用电，历经数月甚至数年也未被发现，更未办理任何用电变更手续，直到稽查人员通过"居民大电量"发现问题并下发工单……因此，抄表催费员应主动做好本职工作。

首先，现场抄表（或抄表数据复核）时，发现电量突变，尤其关注居民大电量的情况，应现场核实用电性质，查明原因：①是否季节性用电引起的正常电量波动，如寒暑期引起的居民用电量波动、节假日引起的工业用电量波动等；②是否抄错，如串户、串表（操作失误引起其他表计数据进来，如案例2-3）等；③了解客户本月用电状况，是否新增用电设备，是否高价低接，是否有窃电嫌疑。

其次，根据异常类型进行相应的处理：①若为串户，按案例2-10中的串户处理方式，进行处理；②若为串表，则检查抄表程序是否选择正确，核实客户是否安装了红外防盗装置导致红外干扰；③若为新增用电设备，其用电性质不变的，建议客户办理增容手续，用电性质发生变化的办理改类手续；④若为高价低接，应告知客户及时办理改类手续。

同时，做好现场记录，提出异常报告联系用电检查班处理。

⫸防范措施

居民电能表下有定量（或定比）商业或工业用电的，若商业或工业用电规模扩大，也会出现电量突增的情况。此时应重新核定定量（或定比）值，根据《供电营业规则》"供电公司每年至少对上述比例或定量核定一次"，否则也会造成居民大电量等异常。

当然，也有正常的电量突增情况，如多户合租的出租户，虽为居民（一户一表）客户，实际租户多、用电密度大导致开始出租的当月电量突增的情况。

针对这一情况，首先抄表催费员应关注电量波动情况，并现场核实原因；其次营销稽查人员应加大"居民大电量"的稽查力度。

三、抄表数据上传

抄表后应当日完成抄表数据的上传。因特殊情况当日不能完成抄表数据上传的，须经营业与电费室批准并于次日完成。

抄表数据上传时，应确保该抄表段所有客户的抄表工作已完成。

📋 案例2-15　数据上传应及时，推迟小心不准时。

某供电营业所某一抄表催费员所抄台区抄表例日为9日，由于该老同志电脑操作不熟识，该所一直安排另一年轻抄表催费员帮助上传。本月9日该抄表催费员已完成现场抄表等待上传，而年轻抄表催费员9日下午一直忙于电能表轮换流程，打算完成后接着进行数据上传，由于轮换流程过程出现一些意外麻烦，耽误了数据上传，待星期一（12号）上午发现后再行上传。之后该市局稽查中心下发稽查主题为抄表准时率，标明该县局这一台区168户已严重超期，抄表准时率未达100%。

▥ 相关规定

《国家电网公司电费抄核收工作规范》第十九条规定：出发前，认真检查抄表工作包内必备的抄表工器具是否完好、齐全。抄表数据（包括抄表客户信息、变更信息、新装客户档案信息等）下载准备工作应在抄表前一个工作日或当日出发前完成，并确保数据完整正确。

抄表后应当日完成抄表数据的上传。因特殊情况当日不能完成抄表数据上传的，须经电费管理中心批准并于次日完成。抄表数据上装时，应确保该抄表段所有客户的抄表工作已完成。

第二十条规定：（远程抄表时）当抄表例日无法正确抄录数据时，应在抄表当日进行现场补抄，并立即报职责部门进行消缺处理。

▥ 案例分析

首先，抄表催费员对抄表准时率的考核要求认识不到位，应加强考核指标的培训和学习。

抄表准时率的考核，要求抄表数据下装准备在抄表例日前24h

（偏远地区经批准可提前72h），或抄表例日当天完成，但抄表数据的发送务必在抄表例日当天完成。采用远程抄表的，也要求抄表例日当天完成补抄，并发送抄表数据。

其次，该抄表催费员电脑操作能力欠缺是最根本的原因，因此，抄表催费员上岗前，应进行有针对性的培训，严格执行培训上岗的规定。

若抄表不准时，如抄表数据上传严重超期，导致后期的电费发行时间大大推迟，影响客户正常交纳电费，对企业造成不良影响，因此抄表准时率的考核非常有必要。

▷ 防范措施

加强抄表催费员的操作技能和业务培训，促进抄表队伍整体素质的提高。

加强考核指标的培训和学习。

此外，各供电所也可在抄表期间，每日对抄表准时率进行检测，通过营销信息系统自定义查询条件，按时间段统计不合格的抄表段，并及时处理。

案例2-16 数据上传太及时，提前也是不准时。

某供电营业所，由于工作疏忽大意，对偏远山区台区完成抄表工作后，未到抄表例日提前一天就将抄表数据上传至抄表复核岗位，造成三个抄表段（共计554户）没有按时抄表，成为本月全省唯一没有按时抄表的三个抄表段。

▷ 相关规定

《国家电网公司电费抄核收工作规范》第五条规定：严格执行抄表制度。按规定的抄表周期和抄表例日准确抄录客户用电计量装置记录的数据。

第十九条规定：抄表后应当日完成抄表数据的上传。因特殊情况当日不能完成抄表数据上传的，须经电费管理中心批准并于次日完成。抄表数据上传时，应确保该抄表段所有客户的抄表工作已完成。

▷案例分析

本案例中,抄表数据上传未在抄表例日当天完成,而是提前一天完成,也不符合抄表准时率的考核要求。同时,提前一天抄表会造成客户本月电量电费不准确、台区线损计算失实、下月电量累积引起客户投诉等后果。

▷防范措施

加强考核指标的培训和学习。

此外,制定临时抄表计划时,默认的"计划抄表日期"是当天。如果未修改,而是在第二天发起流程、完成补抄并流程结束,系统会显示"实际抄表日期"是第二天,也会造成抄表不准时。

四、抄表数据复核

抄表数据复核工作应在规定的抄表例日完成。

通过设定的审核规则,查询过滤出新装、变更、波动率异常、峰谷不平等需重点复核的客户。再通过查看抄见示数、抄见电量和档案信息等界面,对这些客户进行逐一校核,发现突变或分时段数据不平衡等异常,应立即进行现场核实,提出异常报告并及时报职责部门处理。职责部门也应在第一时间反馈核实结果。

抄表数据复核完成后,应以抄表段为单位打印抄表数据复核清单,由抄表催费员签字确认后,至少存档6个月。

📄 案例2-17 零电量引起注意,核实原因快处理。

某普通工业用电户,行业分类为棉、化纤纺织及印染精加工。4月份抄表数据复核时,营销信息系统抄表数据如图2-30所示。2013年3月10日至2013年3月29日后台变更电量为694kWh,2013年3月29日至2013年4月10日抄表电量为0。抄表方式均为手工(抄表卡)。经查询,其变更为改类流程,如图2-31所示,3月27日做改类换表,29日归档结束流程。

经现场核实，客户新换的电能表正常接入，但屏幕不亮，怀疑电能表故障，联系营业人员核实确认后，故障调表。

表资产号	出厂编号	示数类型	上次示数	本次示数	综合倍率	本次电量	数据来源	上次抄表日期	本次抄表日期	是
15114781	0015114781	有功(总)	0	0	1	0	抄表	2013-03-29	2013-04-10	
15114781	0015114781	有功(尖峰)	0	0	1	0	抄表	2013-03-29	2013-04-10	
15114781	0015114781	有功(峰)	0	0	1	0	抄表	2013-03-29	2013-04-10	
15114781	0015114781	有功(谷)	0	0	1	0	抄表	2013-03-29	2013-04-10	
21923556		有功(总)	354118	354811.65	1	694	变更	2013-03-10	2013-03-29	
21923556		有功(尖峰)	30282	30332.7	1	51	变更	2013-03-10	2013-03-29	

抄表数据 | 计量点电量 | 变压器快照 | 线路快照

图2-30 营销信息系统抄表数据

客户基本信息 | 客户电费/缴费信息 | 客户服务办费信息 | 客户负荷信息 | 客户评价信息 | 客户能效项目实施信息 | 客户拓展项目实施信息

用电客户信息 | 客户自然信息 | 客户地址 | 证件 | 联系信息 | 银行帐号 | 电源 | 计费信息 | 计量装置 | 采集点 | 受电设备

申请编号	流程编号	流程名称	开始时间	完成时间	状态
11□□686227	02005	合同续签	2011-11-10 14:19:59	2011-11-10 14:39:09	完成
1□□□200976	215	改类	2013-03-27 13:12:39	2013-03-29 14:17:34	完成

图2-31 营销信息系统工作单

相关规定

《国家电网公司电费抄核收工作规范》第十九条规定：抄表时，认真核对客户电能表箱位、表位、表号、倍率等信息，检查电能计量装置运行是否正常，封印是否完好。

第二十一条规定：及时对抄表数据进行校核。发现突变或分时段数据不平衡等异常，应立即进行现场核实，提出异常报告并及时报职责部门处理。

案例分析

本案例中，数据复核工作比较到位，发现零电量后，及时对抄表数据进行了审核。发现本抄表周期存在改类换表流程，且换表后新表电量为零，而换表前有电量。因此到现场核实后，发现新换电能表屏幕不亮，及时联系装接班进行了故障调表，避免表计故障长期不被发现、电费无法收缴等隐患。到此为止，该异常已核实清楚，处理及时。

但是，实际上现场抄表环节就应该发现此问题，现场抄表时应"检查电能计量装置运行是否正常"，发现屏幕不亮，检查接线无明显异常，怀疑电能表故障后，即可联系装接班核实处理。而且，即使没有"检查电能计量装置运行是否正常"，在红外抄表失败后，也应现场核实原因，发现此异常。

可见，抄表数据复核环节是对抄表工作的后续把关，如果现场抄表工作不到位，如未按规定"检查用电计量装置运行是否正常"，那么到抄表数据复核环节就应发现异常，做好把关工作。此时抄表催费员需要再次到现场核实情况，造成工作重复繁琐，因此对于本抄表片区，要求现场抄表催费员主动工作，主动发现问题并解决，避免本人工作不到位，后续把关又未做好，造成客户投诉等严重后果。

第四节　远程抄表业务

远程抄表包括负控终端抄表、无线集抄和低压载波集抄三种抄表方式。远程抄表计算电费的工作流程如图2-32所示。如前所述，远程抄表工作本身不需要抄表催费员完成，但远程抄表工作与抄表催费员息息相关。如在远程抄表失败时，仍需抄表催费员进行现场补抄；远程抄表成功，但抄表数据异常时，仍需抄表催费员进行现场核查；远程抄表成功的客户，至少每隔一定周期应抄表催费员进行周期性现场核抄。

案例2-18　集抄失败未补抄，电量积压致投诉。

某××供电营业所一出租房户，因采集器故障导致远程抄表失败，现场补抄环节抄表催费员未到现场，直接按零电量估抄，因此该客户2月份、4月份抄表均未产生电费（两月抄表），之后5月10日安排特抄结算了前4个多月的电量，共计电费1672.65元。而房东徐女士的水电费等都由承租户自行交费，4月份前租户已经退租，相关费用已经结清，搬出后尚未有人入住，怎么突然冒出这么多电费，徐女士一怒之下向95598投诉。

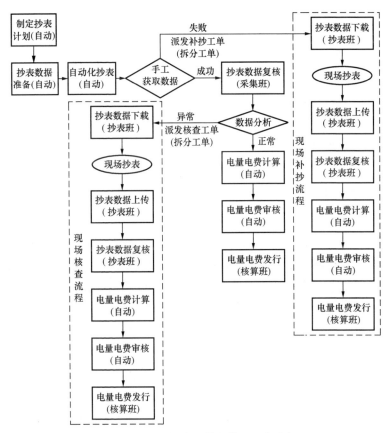

图 2-32 远程抄表计算电费的工作流程

▦ 相关规定

《国家电网公司电费抄核收工作规范》第五条规定：严格执行抄表制度。按规定的抄表周期和抄表例日准确抄录客户用电计量装置记录的数据。严禁违章抄表作业,不得估抄、漏抄、代抄。

第二十条规定:(远程抄表时)当抄表例日无法正确抄录数据时,应在抄表当日进行现场补抄,并立即报职责部门进行消缺处理。

▶ 案例分析

首先,抄表制度执行不严格,现场补抄不到位。远程自动抄表失败时,对自动抄表失败的客户,及时安排现场补抄,抄表责任班(所)须在抄表例日当天持抄表机进行现场补抄。也可以查询采集系统,手工录入抄表例日零点数据。

其次,采集器故障处理不及时,采集器故障长达4个多月未处理好,导致后期电量积压,客户投诉。

▶ 防范措施

严格执行抄表制度。杜绝自动抄表失败,不到现场补抄,而直接按零电量任意估抄等抄表不到位的现象。

案例2-19 集抄失败何处理,现场补抄异常多。

某抄表方式为远采集抄的抄表段,抄表例日为每月6日。2013年1月6日采集班在自动化抄表时,发现某客户获取数据失败。营销信息系统、采集系统查询信息如图2-33和图2-34所示。

应收年月	电费类别	总电量	应收金额	实收电费	应交电费	应交违约金	实收违约金	划拨期数
201212	正常电费	1590	882.17	882.17	0.00	0.00	0.00	0
201211	正常电费	39	20.98	20.98	0.00	0.00	0.00	0
201210	正常电费	78	41.96	41.96	0.00	0.00	0.00	0
201209	正常电费	181	97.38	97.38	0.00	0.00	0.00	0

图2-33 营销信息系统电费信息

▶ 相关规定

《国家电网公司电费抄核收工作规范》第十九条规定:(远程抄表时)当抄表例日无法正确抄录数据时,应在抄表当日进行现场补抄,并立即报职责部门进行消缺处理。

第二十条规定:(现场抄表时)发现客户电量异常、违约用电、窃电嫌疑、表计故障、有信息(卡)无表、有表无信息(卡)等异常情况,做好现场记录,提出异常报告并及时报职责部门处理。

日期	局号(终端/表计)	正向有功总(kWh)
2013-01-06	33408010287000647941...	
2013-01-05	33408010287000647941...	
2013-01-04	33408010287000647941...	
2013-01-03	33408010287000647941...	
2013-01-02	33408010287000647941...	
2013-01-01	33408010287000647941...	
2012-12-31	33408010287000647941...	56051.83
2012-12-30	33408010287000647941...	55912.91

日期	局号(终端/表计)	正向有功总(kWh)
2012-12-07	33408010287000647941...	52486.33
2012-12-06	33408010287000647941...	52392.35

图 2-34　用电信息采集系统抄表数据

▓案例分析

本案例中，用电信息采集系统在12月31日及之前均有数据，但之后便无数据，具体原因需采集现场核实并处理。自动抄表员依据采集系统的信息，及时进行了处理。

对于营销信息系统中自动远程抄表失败的客户，首先，自动抄表员应人工点击"获取数据"访问采集系统，以获取当天零点的抄表数据；若人工"获取数据"失败，应派发现场补抄工单到抄表责任人；抄表催费员应在抄表例日当天完成现场补抄工作。同时，自动抄表员应查询采集系统，初步核实原因后，通知采集班及时进行故障消缺。

当然，抄表催费员在现场补抄时，若发现抄表异常，应按异常类型分别进行处理。

（1）电能表故障的，如表烧等，本次抄表按用电信息采集系统最近的采集数据56051.83或零电量录入；同时汇报班长通知装接班故障调表（或检查接线）。

（2）采集通信故障的，如采集器不通电、SIM卡停机、信号不好、485线松动脱落等，本次抄表按电能表现场示数抄录；同时汇报班长通知采集班消缺处理。

（3）现场无表，如表计失窃、客户暂拆（或销户）流程在途等，本次抄表暂按零电量录入，同时汇报班长通知职责部门处理。

（4）客户违约用电、窃电的，如高价低接、绕越电能表用电、短接电流进出线等，本次抄表按电能表现场示数抄录；保护现场，汇报班长，及时通知用电检查人员处理。

（5）电能表局号信息不符，如拆表冲突、串户等，若营销信息系统核实有在途的换表流程的，确定为拆表冲突，处理方式见案例2-11。若现场核实户号、表号，确定为串户的，处理方式见案例2-10。

防范措施

远程自动抄表是依托用电信息采集系统来远程获取数据的。远程自动抄表失败时，应积极利用用电信息采集系统，初步判定原因，并及时采用合理解决方案，规避抄表不到位等引起客户投诉等风险。

第三章

电费催收

电费回收直接影响着供电公司的经济效益。客户欠费如不按期收回，有可能形成呆账、坏账，不仅延长了供电公司资金流转的周期，也使供电公司经营活力降低，给供电公司和各行各业的生产带来不应有的损失，甚至给挪用和贪污电费者以可乘之机。同时，电费回收率等指标已成为衡量各级供电公司经营水平的一个重要考核标准，因此加强电费催收管理势在必行。

📋 案例3-1 催费不成就拉电，规范操作需谨记。

某居民客户刘女士家为电费批扣客户，6月份发生电费总额139元，而客户电费批扣账户余额为129元，因余额不足造成批扣失败。××供电营业所工作人员催费过程中，发现客户联系电话错误，无法通知，于6月28日对该户实施了停电。次月5日客户拨打95598投诉，反映没有收到任何通知，也没有收到过《催费通知单》、《停电通知书》的情况下擅自停电，造成家用冰箱融化，木制地板腐烂，要求赔偿损失。

▒ 案例分析

随着供电公司对电费资金回笼工作的日益重视和加紧考核，电费催收工作日渐提上议程，但实际情况却五花八门，复杂多变。本案例中，抄表催费员的催费工作是否到位？欠费停电的执行是否规范？有哪些服务规范？停电损失是否应由供电公司承担赔偿责任？如何规避风险？

本章将依据《中华人民共和国电力法》、《电力供应与使用条例》、《供电营业规则》，以及《中华人民共和国国家标准供电服务规范》、《国家电网公司供电服务规范》、《中华人民共和国民事诉讼法》等，结合实际案例介绍电费催收的服务规范、电费交纳渠道、电费催收的有关规定和法律风险防范等，并结合实际工作总结各种催费手段和催费技巧。

第一节　电费催收的服务规范

电费欠交的前期提醒，即电费催收可采用电话、传真、短信、E-mail等电子通知单的方式，也可到现场送达纸质《催费通知单》，当面催交电费。

一、电话催费

电话催费应当使用规范化文明用语，提倡使用普通话。

电话催费时在表明身份、核实对方身份后，应委婉说明欠费金额和交费截止日期等，并主动告知客户银行代扣、网上交费等交费渠道和使用方法。应确认客户明白无误后，方可挂电话，杜绝客户话音未落，抄表催费员已挂电话等不礼貌行为。

若不慎拨错电话，应礼貌表示歉意。

若客户有疑问，应耐心解答。对无法解答的问题，应表示歉意，并转接相关专业人员，或在咨询相关人员后，及时答复客户。

📖 案例3-2　沟通不畅勿挂机，客户投诉忌推诿。

某供电营业所接到95598有关催费的投诉工单，工单描述："抄表催费员打电话，讲的是本地语言，而且语速很快，我都没听清楚就直接挂机了。后来我主动打电话过去，抄表催费员讲话态度不好，后来我说找领导接电话，一说找领导，他就把电话挂了。后来我又打电话，是另一女同志接的电话，说他走开了。问工号，说没有工号。"

　　∷▶相关规定

《中华人民共和国国家标准供电服务规范》第4.9条规定：供电公司工作人员应当严格遵守国家法律、法规，诚实守信，爱岗敬业，遵守国家的保密原则，不对外泄漏客户的保密资料；工作期间应当使用规范化文明用语，提倡使用普通话。

《国家电网公司供电服务规范》第十四条规定：（95598服务规范）通话结束，须等客户先挂断电话后再挂电话，不可强行挂断。

第六条规定：当客户的要求与政策、法律、法规及本企业制度相悖时，应向客户耐心解释，争取客户理解，做到有理有节。遇有客户提出不合理要求时，应向客户委婉说明，不得与客户发生争吵。

第四条规定：真心实意为客户着想，尽量满足客户的合理要求。对客户的咨询、投诉等不推诿，不拒绝，不搪塞，及时、耐心、准确地给予解答。

▓ 案例分析

本案例中首先抄表催费员应讲普通话，语速适中，使用文明用语；其次，不能主动挂电话，应确认客户明白无误后，方可挂机，虽然这是95598服务规范之一，但抄表催费员电话催费时也应做到；再次，对客户的咨询、投诉等不推诿，不拒绝，不搪塞，应耐心解释，委婉说明，或另行约时答复。

▓ 防范措施

加强一线人员标准化礼仪服务规范的培训。

二、现场催费

现场催费时应注重客户当地的风俗习惯，选择适当的时机催讨电费。

到客户现场当面催讨电费，除礼貌告知客户有关欠费金额、交费截止日、交费渠道和使用方法外，还应送达《催费通知单》，并由客户本人签字接收，其存根联应存档备查。

其他现场催费的服务规范，有关内容同第二章第二节。

📖 **案例3-3　催费言辞伤客户，自损形象遭投诉。**

用电户江先生在外地工作，目前居住在本市××路××号，电能表户主为其哥哥，电费由江先生自行缴付。抄表催费员在2月20日将当月电费的提醒短信及《催费通知单》发放到位，并电话告知江先生按时交费，但江先生一直没有缴清电费。2月23号抄表催费员再次电话联系江先生，希望他能早点交纳电费，可江先生已经不在本地，需要回来之后再交纳。抄表催费员向江先生要他哥哥的电话，想争取让他哥哥来交纳电费，江先生不愿提供他哥哥的电话，并说你停电好了反正我也不用。此时抄表催费员为了电费足额回收，心里相当着急，言语中产生过激言词，引起江先生拨打95598投诉抄表催费员态度恶劣，对客户骂脏话。

相关规定

《国家电网公司供电服务规范》第六条规定：当客户的要求与政策、法律、法规及本企业制度相悖时，应向客户耐心解释，争取客户理解，做到有理有节。遇有客户提出不合理要求时，应向客户委婉说明，不得与客户发生争吵。

第十九条规定：在尊重客户、有利于公平结算的前提下，供电企业可采用客户乐于接受的技术手段、结算和付费方式进行抄表收费工作。

第十七条规定：到客户现场工作时，应遵守客户内部有关规章制度，尊重客户的风俗习惯。

《中华人民共和国国家标准供电服务规范》第4.9条规定：供电公司工作人员应当严格遵守国家法律、法规，诚实守信，爱岗敬业，遵守国家的保密原则，不对外泄露客户的保密资料；工作期间应当使用规范化文明用语，提倡使用普通话。

案例分析

首先，抄表催费员"应向客户耐心解释"，"不得与客户发生争吵"，应"使用规范化文明用语"，不应骂脏话，这是最基本的文明礼貌和服务规范。

其次，工作中应尊重客户的风俗习惯，客户不愿让亲戚代交，不应强索电话，应"采用客户乐于接受的"付费方式，如建议客户采用网上银行、支付宝或电费充值卡等方式交费。

同时，向客户耐心解释个人工作上的困难，争取客户谅解。

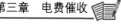

最后，应主动调整好心态，不应消极面对工作，甚至把不良情绪带到与客户的谈话中。

⟫ 防范措施

提高一线人员的文化素养，加强服务规范培训；加强电费交纳渠道等业务知识培训。

三、其他催费方式

其他催费方式，如传真、短信、E-mail等，是电话催费和现场催费的有效补充，但必须是在客户自愿办理短信通知、传真送达、Email送达等服务的前提下，且催费对象应明确为《供用电合同》的签约人。

案例3-4 短信订阅成租户，几经变更反骚扰。

某供电营业所一租房户，为方便电费催收，经客户同意，以当时租客的手机号码为联系方式，订阅了电费通知服务。但一段时间后，另一客户向95598投诉，称供电部门短信骚扰他，短信中的用电地址跟他毫无关系。经核实，原租房户的租客早已更换，手机号码也已几度变更主人，而营销信息系统内的联系方式一直没有更新。

⟫ 相关规定

《中华人民共和国合同法》第八条规定：依法成立的合同，对当事人具有法律约束力。当事人应当按照约定履行自己的义务，不得擅自变更或者解除合同。

⟫ 案例分析

本案例中，按租客的联系方式订阅电子通知单，而不是用电主体——《供用电合同》用电方签约人。但实际上由于租客的多变性，终会导致催费短信失效，甚至客户投诉短信骚扰等不良后果。

首先，《供用电合同》是供电公司和用电客户建立供用电关系的法律文书和依据。因此，电费催交应向《供用电合同》的签约人催费。如对于租赁用电户，应向《供用电合同》的签约人（即户主）催缴电费。防止租客走人，户主不知情的情况下拒交电费，因此催费短信也应以户主的联系方式进行订阅。

其次，在短信订阅到户主的情况下，也会出现联系方式变更导致客户信息失效或缺失的情况。针对这一问题，一方面通过集抄集收片区经理制（供电营业所为台区经理制）的推广，客户联系方式责任到片区经理或台区经理后，逐步解决；另一方面也可通过电力积分商场的客户信息绑定，促进客户主动更新个人联系方式，甚至主动办理过户业务，极大地解决了客户基础信息搜集难的问题，更是供电公司加强信息化建设的一项很好的措施。浙江省目前正在推行电力积分商城，具体见本章第四节。

::: 防范措施

电子通知单的订阅，首先要以用电户主的联系方式为准；其次要求抄表催费员（集抄集收后的片区经理或台区经理），通过现场核抄、上门催费等方式，及时更新联系方式，保持其有效性；最后大力推行电力积分商城，促进客户主动更新联系方式，主动办理变更业务。

加强片区经理制（台区经理制）和电力积分商城的推广。

第二节　电费交纳渠道

随着电力行业的发展，电费交纳渠道正向着更为方便、快捷、多渠道、高效率的方向发展。除了拓展供电公司自身的电费交纳渠道外，目前已经有许多单位参与到电费收取的第三方代理中，采取代理收取电费的方法来分担电力部门的压力，以更好地服务百姓生活。

作为抄表催费员，为了更好的催收电费，履行告知义务，必须了解当前各种各样的电费交纳渠道及使用方法。以浙江省为例，目前推出了18种交费渠道。

1. 供电营业厅柜台交费

客户可在供电营业厅柜台使用现金或支票交纳电费。如图3-1所示为供电营业厅。

2. 银行柜台刷卡交费

客户可在与供电公司联网合作的银行营业网点的柜台使用本行

发行的银行卡交纳电费。目前，联网合作的银行有工行、建行、农行、中行、交行、邮政储蓄银行、农信社和部分地方商业银行。如图3-2所示为银行柜台交费。

图 3-1 供电营业厅

图 3-2 银行柜台交费

3．银行柜台现金交费

客户可在与供电公司联网合作的银行营业网点，使用现金交纳电费。目前，联网合作的银行有工行、建行、农行、中行、交行、邮政储蓄银行、农信社和部分地方商业银行。

4．银行卡（存折）代扣交费

客户可在与供电公司联网合作的银行，办理电费委托代扣业务，在签订协议后，由银行定期从客户委托的账户中扣款用以交纳电费。目前，联网合作的银行有工行、建行、农行、中行、交行、邮政储蓄银行、农信社和部分地方商业银行。如图 3-3所示为银行卡（存折）代扣交费记录。

5．电费充值卡交费

客户到供电营业厅或邮政网点购买电费充值卡后，可在供电营业厅柜台充值，也可通过拨打11686688充值热线，根据语音提示进行操作，将卡内资金充入自己的电费充值卡账户内用以交纳电费。供电公司根据客户的欠费金额，优先从客户的充值卡账户中抵扣。目前电费充值卡交费仅适用于居民客户。如图3-4所示为电费充值卡交费宣传册。

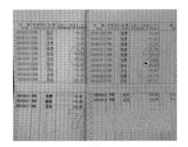 

图 3-3　银行卡（存折）代扣交费记录　图 3-4　电费充值卡交费宣传册

6．支付宝交费

客户可登录支付宝网站（http://www.alipay.com），在电费交纳页面上，使用支付宝或与支付宝公司联网合作银行的网上银行交纳电费。如图3-5所示为支付宝交费页面。

图 3-5　支付宝交费页面

7．网上银行自助交费

客户可登录银行的网上银行系统，使用网上银行的交费功能交纳电费。如图3-6所示为网上银行自助交费页面。

8．社区、超市等的POS机刷卡交费

客户可在社区、超市等场所放置的具有交费功能的POS机上使用带有银联标志的银行卡交纳电费。如图3-7所示为刷卡交费用的POS机。

图 3-6　网上银行自助交费页面

9．供电营业厅POS机刷卡交费

客户可在供电营业厅的POS机上使用带有银联标志的银行卡交纳电费。

10．银行自助终端交费

客户可在与供电公司联网合作的银行的自助终端上使用现金或银行卡交纳电费，如工行、建行、农行、中行、交行、邮政储蓄银行、农村合作银行等。避免银行排队时间长等问题，且24小时银行自助终端还可提供不间断服务。如图3-8所示为银行自助交费终端。

图 3-7　POS 机

图 3-8　银行自助交费终端

11．邮政便民交费

客户可在邮政公司网点或与邮政公司合作的便民服务站、村邮站，使用现金或银行卡交纳电费。如图3-9所示为邮政便民服务站。

12．信息亭交费

客户可通过公共信息亭的交费功能，使用带银联标志的银行卡交纳电费。如图3-10所示为公共信息亭。

图 3-9　邮政便民服务站　　　　图 3-10　公共信息亭

13．供电营业厅自助现金交费

客户可在供电营业厅的自助交费终端上使用现金交纳电费，实现自助交费、预交费等。如图3-11所示为供电营业厅的自助交费终端。

14．供电营业厅自助刷卡交费

客户可在供电营业厅的自助交费终端上使用带有银联标志的银行卡交纳电费。

15．24小时电力自助营业厅交费

客户可在24小时电力自助营业厅内放置的自助终端上使用现金或带有银联标志的银行卡交纳电费，称为"永不打烊的电力营业厅"。

16．数字电视"家银通"交费

"家银通"是中国银联与数字电视合作开展的银联支付平台，

又称银联电视支付。客户可在自己家中，通过数字电视的"家银通"支付平台，使用银联标志的银行卡就可以轻松交费了，如图3-12所示在数字电视主页上选择进入"家银通"，再选择"缴电费"，按提示输入电力户号、银联卡号、身份证号、银行卡密码等信息后完成交费。但目前只在杭州、青岛等少数地区开放。

图 3-11 供电营业厅的自助交费终端

图 3-12 数字电视 "家银通"

17．电力网上自助交费厅交费

客户可在95598电力网上交费厅使用已开通网上银行功能的银联

卡交纳电费。

18.电话语音交费

客户可通过拨打电话95598服务热线，按"7"进入"电话划账"，并按语音提示输入用电户号、银行卡号和持卡人的身份证号即可实时交费。2014年95598服务热线集中后，该功能有望进一步开发完善。

广东电网于2014年2月开通电话语音交费渠道，客户既不用开通电话银行或网上银行，也不用签订银行代扣协议，直接拨打95598按语音提示输入银行借记卡号等信息即可。目前工商银行、农业银行、建设银行、交通银行、邮政储蓄等16家具有银联标志的借记卡都支持语音缴费，信用卡暂时无法实现。缴费成功后，电网营销信息系统将会自动即时进行入账操作，同时通过95598向客户发送缴费成功的短信。

第三节 电费催收相关规定和法律风险防范

一、催费相关规定和法律风险防范

1.电费催收

《供电营业规则》第八十二条规定："供电公司应按国家批准的电价，依据用电计量装置的记录计算电费，按期向客户收取或通知客户按期交纳电费。供电公司可根据具体情况，确定向客户收取电费的方式。客户应按供电公司规定的期限和交费方式交清电费，不得拖延或拒交电费。"其中"按期向客户收取或通知客户按期交纳电费"即为电费催收工作。为方便后续工作，如欠费停电前应"经催交仍未交付电费"、法律诉讼前使当事人一方"同意履行义务"以便诉讼时效中断（具体见案例5-6）等，必须在催费过程留下相关凭证：

（1）采用电费催费的应对电话催费的过程进行录音。

（2）采用现场催费的应提供客户本人签字的《催费通知单》存根联。《催费通知单》应设法送到客户手中，并请客户在《催费通知单》存根联"签收人"处签字。在填写《催费通知单》时应注意，签收人必须手工填写本人姓名，重要客户和高危企业客户应由客户法定代表人、组织的主要负责人或者是该法人、组织负责收件的人签收，其他项由信息系统打印。

（3）采用其他方式催费的，其送达有效性见本节"二、通知书的送达方式"有关内容。

案例3-5　解释不清遭质疑，实际依据是关键。

某供电营业所一用电户，9月8日抄表后迟迟不交电费，抄表催费员15日打电话催电费，告知18日为交费截止日，要求18日前及时交费。客户质疑，称曾拨打95598，被告知月底最后一天才是交费截止日。抄表催费员解释说，这是企业内部规定……后客户不满拨打95598，投诉抄表催费员随意规定交费截止日等。

▶ 相关规定

《供电营业规则》第八十二条规定：客户应按供电公司规定的期限和交费方式交清电费，不得拖延或拒交电费。

《居民生活用电供用电合同》格式条款有关内容：供电方实行定期抄表，按期向用电方结算电费，用电方应在通知的期限内向供电方交纳电费。

▶ 案例分析

本案例中，面对客户对交费截止日的质疑，抄表催费员按企业内部规定来解释，显然会遭到客户的质疑。企业内部规定是对企业员工行为的规范，是建立在国家法律法规和行业标准的基础上的，这就要求企业员工不仅要严格遵守企业内部规定，还要熟悉国家相关法律法规和行业标准。

如交费截止日的法律依据，根据《供电营业规则》第八十二条规定："客户应按供电公司规定的期限和交费方式交清电费，不得拖延或拒交电费。"那么"供电公司规定的期限"有没有向客户履行告知义务呢？一般非居民客户在《供用电合同》中明确规定了"交费截止日期"等内容；居民客户采用格式合同，没有明确具体日期，但采用"供电方实行定期抄表，按期向用电方结算电费，用电方应在通知的期限内向供电方交纳电费"格式条款，而实际"通知的期限"就是纸质《电费通知单》上"交费截止日期"的打印信息，供电公司同样履行了告知义务。

▷ 防范措施

抄表催费员应加强专业相关法律法规的学习，说话有理有据，才能赢得客户信任。

2. 欠费停电

《电力供应与使用条例》第三十九条规定："自逾期之日起计算超过30日，经催交仍未交付电费的，供电公司可以按照国家规定的程序停止供电。"可见欠费停电必须满足两个条件：一是"自逾期之日起计算超过30日"，此处"期"是指交费截止日期，即自交费截止日第二天开始计算超过30天；二是"经催交仍未交付电费"，即必须有催交电费的工作在前，并能提供相关凭证（见前文）。而且欠费停电须按"国家规定的程序"，具体见以下规定。

《供电营业规则》第六十七条规定："除因故中止供电外，供电公司需对客户停止供电时，应按下列程序办理停电手续：

"（1）应将停电的客户、原因、时间报本单位负责人批准。批准权限和程序由省电网经营企业制定；

"（2）在停电前三至七天，将停电通知书送达客户。对重要客户的停电，应将停电通知书报送同级电力管理部门；

"（3）在停电前30分钟，将停电时间再通知客户一次，方可在通知规定时间实施停电。"

由此可见，为控制欠费停电的法律风险，应严格按国家规定的程序进行欠费停电：①执行欠费停电，必须满足"自逾期之日起计算超过30日"的规定，否则一切"国家规定的程序"都无从谈起；②停电计划须经单位负责人审批，相关审批记录应妥善保管，切勿不经审批擅自停电；③停电审批通过后，由抄表催费员打印《停电通知书》，加盖公章后，提前3至7天送达客户，并由客户签收（具体见前文《催费通知单》的签收要求），且通知单存根联应妥善保管。切勿未送达、客户毫不知情或未签收的情况下擅自停电；④同时应确认送达《停电通知书》之时，客户是否仍然欠费；⑤"停电前30分钟，将停电时间再通知客户"也应按电话催费的要求进行电话录音，作为工作凭证；⑥"在通知规定时间实施停电"，切勿实际停电时间与通知书的停电时间不一致，导致程序脱节；⑦执行停电操作前应再次确认客户是否仍然欠费；⑧对重要客户的停电，还应报送同级电力管理部门备案，停电前应现场查勘是否具备停电条件，防范停限电造成人身伤亡和环境污染等安全事故的风险。

案例3-6 欠费停电不合规，赔偿责任须承担。

某玻璃厂（原告）与某供电公司（被告）一直是供用电关系双方，2007年6月20日，被告向原告下达一份《停电通知书》，言明"你单位截止2007年6月欠电费及违约金共计3000元，至今未缴。自7月1日起，对您单位停止供电（限电）"。但其后并未停电，到11月4日未向原告下达任何书面通知的情况下，突然采取措施，停止向原告供电。

当某供电公司实施停电之时，某玻璃厂正在生产一批中空孚法玻璃，到11月6日恢复停电时，由于停电致使玻璃制造工艺流程中断，造成玻璃水不能保温，从而引起玻璃水不能凝固，使生产线上的产品报废，经物价部门核实总价值为32万元。玻璃厂因此提起诉讼，要求赔偿损失。

▶ 相关规定

《中华人民共和国电力法》第五十九条规定：未事先通知客户中断供电，给客户造成损失的，应当依法承担赔偿责任。

《供电营业规则》第六十七条规定：除因故中止供电外，供电公司需对客户停止供电时，应按下列程序办理停电手续：

（1）应将停电的客户、原因、时间报本单位负责人批准。批准权限和程序由省电网经营企业制定。

（2）在停电前三至七天，将停电通知书送达客户。对重要客户的停电，应将停电通知书报送同级电力管理部门。

（3）在停电前30分钟，将停电时间再通知客户一次，方可在通知规定时间实施停电。

⯈ **案例分析**

某市中级人民法院认为原告与被告是供用电关系，根据《供电营业规则》第六十七条之规定，被告未履行欠费停电程序，判决被告（某供电公司）赔偿原告（某玻璃厂）经济损失32万元并承担案件受理费。

⯈ **防范措施**

首先，针对欠费客户，必须严格按规定执行欠费停电程序。本案例最明显的问题在于实际执行停电的时间，与通知书载明的停电时间不一致，导致停电程序脱节。

其次，执行欠费停电时，尤其是重要电力客户，务必现场查勘是否具备停电条件，防范停限电造成人身伤亡和环境污染等安全事故的风险。本案例既未在停电前30分钟再次电话通知客户，也未在执行停电前现场勘察是否具备停电条件。

上述案例中，若《停电通知书》送达客户，但客户未签收，采用直接对张贴的《停电通知书》进行拍照等，则实际上并未达到送达的效果，用电户否认签收的情况下，供电公司在法庭上凭《停电通知书》的照片也是无从举证，因此停电损失仍应由供电公司承担。具体送达的有效性，见本节"二、通知书的送达方式"有关内容。

3. 电费违约金

《供电营业规则》第九十八条规定："客户在供电公司规定的期限内未交清电费时，应承担电费滞纳的违约责任。电费违约金从逾期之日起计算至交纳日止。每日电费违约金按下列规定计算：

"1. 居民客户每日按欠费总额的千分之一计算；

"2. 其他客户：

"（1）当年欠费部分，每日按欠费总额的千分之二计算；

"（2）跨年度欠费部分，每日按欠费总额的千分之三计算。

"电费违约金收取总额按日累加计收，总额不足1元者按1元收取。"

作为督促用电户及时交纳电费的手段，有关电费违约金的规定，在经济高速发展的今天已经显得相当滞后。很多用电户，尤其是注重投资的商人，宁愿选择短期投资、迟交电费承担违约金，也不愿拿这笔钱来交纳电费。

案例3-7　违约金小数额，日积月累不可小觑。

某客户自2011年8月开始，长期出现拖欠电费情况，抄表催费员多次上门催缴，每次都在产生电费违约金之后，该客户才交纳电费，到2012年7月，每月都推迟交纳电费。供电所营业班长知道后，多次上门与客户交流，了解生产状况，得知该客户是故意拖欠每月电费，认为晚一天交纳，可以多点钱周转，造成每月电费交纳存在拖欠现象。针对此情况，营业班长耐心解释了拖欠电费将产生违约金，而且会影响企业的信誉度，并将2011年8月至今的违约清单打印出来，发现违约金已达到7000余元，客户自己也大吃一惊。客户本以为，晚缴几天，违约金没多少钱，现在才发现，违约金不是小数目，态度马上转变，客户主动要求提前交纳电费，不会再产生违约金。

有关规定

《供电营业规则》第九十八条规定："用户在供电企业规定的期限内未交清电费时，应承担电费滞纳的违约责任。电费违约金从逾期之日起计算至交纳日止。每日电费违约金按下列规定计算：

"1. 居民用户每日按欠费总额的千分之一计算；

"2. 其他用户：

"（1）当年欠费部分，每日按欠费总额的千分之二计算；

"（2）跨年度欠费部分，每日按欠费总额的千分之三计算。

"电费违约金收取总额按日累加计收，总额不足1元者按1元收取。"

案例分析

针对电费出现拖欠或者交纳不积极的客户，抄表催费员应积极与客户面对面加强沟通，使客户了解屡屡迟交电费产生的累计违约金的数额，以激励客户积极交纳电费。同时，我们也要做好自己的本职工作，严格按照供电营业手册，规范催费流程，以免给供电公

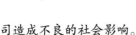

司造成不良的社会影响。

　　▶防范措施

　　目前某些供电公司针对这一情况，将用电客户的交费违约记录纳入政府征信系统，如对12个月内经催缴仍产生两次及以上违约金的用电户，以及客户原因12个月内发生两次及以上转账支票退票的用电户进行商业失信行为登记，形成的信用数据作为各商业银行信贷决策的重要参考依据。

　　4．费用结清复电

　　《供电营业规则》第六十九条规定："引起停电或限电的原因消除后，供电公司应在三日内恢复供电。不能在三日内恢复供电的，供电公司应向客户说明原因。"

　　《国家电网公司供电服务"十项承诺"》规定："对欠电费客户依法采取停电措施，提前7天送达停电通知书，费用结清后24小时内恢复供电。"其中"提前7天送达停电通知书"与《供电营业规则》规定"在停电前三至七天，将停电通知书送达客户"是一致的，且工作要求更高；而"费用结清后24小时内恢复供电"更是比《供电营业规则》中"三日内恢复供电"要求更高。虽然《国家电网公司供电服务"十项承诺"》不属于法律法规的范畴，但作为供电公司向社会的公开承诺，还是要严格遵守，维护企业形象。

二、通知书的送达方式

　　《催费通知单》和《停电通知书》的送达，必须达到法律上的有效送达，才具有法律效力。如《催费通知单》的有效送达，为依法执行欠费停电、法律诉讼时效重新计算（具体见案例4-21）等，提供了有效依据和凭证；《停电通知书》的有效送达，为依法执行欠费停电、规避停电损失等风险的法律责任，提供了有效依据。

　　通知书的送达方式主要有六种：直接送达、邮寄送达、传真送达、留置送达、公证送达、公告送达。下文以《停电通知书》为例，对送达方式的有效性进行阐述。

　　1．直接送达

　　根据《中华人民共和国民事诉讼法》（2012年修正）第八十五条

规定："送达诉讼文书，应当直接送交受送达人。受送达人是公民的，本人不在交他的同住成年家属签收；受送达人是法人或者其他组织的，应当由法人的法定代表人、其他组织的主要负责人或者该法人、组织负责收件的人签收。受送达人的同住成年家属，法人或者其他组织的负责收件的人，诉讼代理人或者代收人在送达回证上签收的日期为送达日期。"通知书的送达也可参照此规定执行，在签收时请签收人在《停电通知书》的存根联"签收人"处签字，并接收。

《停电通知书》如果不是客户本人签收，应当注意的是其他人员签收不能等同于客户签收，其中可能涉及举证责任，因此必须对签收人的身份和在《停电通知书》上的签名进行审核。审核时要注意两个方面：一是签名人的身份，如果是居民客户应当是与客户同住的成年家属；如果是法人或其他组织的，应当是该法人、组织负责收件的人；二是签名人在通知书上所签的姓名应与其本人身份证姓名相符。

2．邮寄送达

根据《中华人民共和国民事诉讼法》（2012年修正）第八十八条规定："直接送达诉讼文书有困难的，可以委托其他人民法院代为送达，或者邮寄送达。邮寄送达的，以回执上注明的收件日期为送达日期。"

邮寄送达，如果函件用平信的方式寄出，邮政部门不能提供任何证明、单据；用邮政特快专递或挂号信等方式寄出，需要客户签收，邮政部门能够提供什么人寄出、什么人签收的单据，至于寄出什么文件，签收什么函件却不能（也没有义务）作出证明，虽然有的供电公司或个人按规定进行了通知、告知，但在法庭上却不能举证。

因此，邮寄送达建议采用邮政特快专递或挂号信的方式寄出，并请公证人员对邮寄过程进行公证（即公证送达的第二种形式），或直接表明内件品名的方式，只要拿到客户签收的回执，则以回执上注明的收件日期为送达日期。

3．传真送达

传真是便捷的信息传递方式，1999年施行的《中华人民共和国合同法》第十一条规定："书面形式是指合同书、信件和数据电文（包括电报、电传、传真、电子数据交换和电子邮件）等可以有形地表现所载内容的形式。"确认了传真在合同签订中的重要作用。传真具有即时、快捷、经济等特点，也能较好的解决送达回执问题。针对那些重要客户，从优质服务及送达时效等方面考虑，可在《供用电合同》中约定客户专用值班电话、传真及工作人员，定期发送应交电费、电价政策、节能降损、需求侧管理引导等信息，以及《电费通知单》《催费通知单》《停电通知书》等单据。

但传真送达一定要拿到客户签字的回执后，才能获得送达的目的，且应注意传真件的墨迹易消失等问题。

4. 留置送达

留置送达指客户拒绝签收《停电通知书》时，把所送达的《停电通知书》留放在客户处的送达方式。

根据《中华人民共和国民事诉讼法》（2012年修正）第八十六条规定："受送达人或者他的同住成年家属拒绝接收诉讼文书的，送达人可以邀请有关基层组织或者所在单位的代表到场，说明情况，在送达回证上记明拒收事由和日期，由送达人、见证人签名或者盖章，把诉讼文书留在受送达人的住所；也可以把诉讼文书留在受送达人的住所，并采用拍照、录像等方式记录送达过程，即视为送达。"

采用留置送达时，应首先向当事人说明，不签收《停电通知书》不影响送达的法律效力，尽量让当事人签收。拒不签收的，邀请街道办事处、城市居委会的代表，乡镇党组织、村民委员会代表，或者当事人所在机关、企事业单位的代表到场后，送达人应如实说明情况，在送达回证上记明当事人拒收的原因、理由和送达日期，由送达人、在场的见证人签名或盖章，把《停电通知书》留在受送达人住所即视为送达。

根据规定，也可以采用将《停电通知书》留在受送达人的住所，并采用拍照、录像等方式记录送达过程，注意此处的拍照、录像应有用电客户拿到《停电通知书》的画面，才能举证。否则会变成通知不特定的公众而失去法律效力。

但在实践中，有时会遇到这种情况，由于个别当事人蛮不讲理，或者被邀请到场的人受到威胁，有关基层组织或者所在单位的代表及其他见证人不愿或不敢在送达回证上签字或者盖章，根据《最高人民法院关于适用〈中华人民共和国民事诉讼法〉若干问题的意见》第八十二条规定："受送达人拒绝接受诉讼文书，有关基层组织或者所在单位的代表及其他见证人不愿在送达回证上签字或盖章的，由送达人在送达回证上记明情况，把送达文书留在受送达人住所，即视为送达。"未签字、盖章不影响留置送达的效力，送达人只需将邀请什么人到场，为什么不愿签名或盖章的原因在送达回证上记明，把执法文书留在当事人住所，即视为送达。但注意：①必须邀请当事人所在的基层组织或者所在单位的代表在场；②必须是在当事人或与其同住的成年家属在场的情况下把执法文书留在其住所。

5. 公证送达

公证送达就是当客户拒绝签收《停电通知书》时，由公证机构证明供电部门将《停电通知书》送达客户的一种送法方式。

公证送达作为留置送达的一种，因其法律效力强，证明作用高而被许多执法机关经常采用。送达人在公证人员的陪同下，将整个送达过程及需送达的文书一并进行公证，并形成公证书。一旦产生复议或诉讼时，公证书就可以作为一项具有较强证明力的证据而被复议机关或法院采纳。公证送达在客户拒绝签收的情况下，可参照留置送达的规定执行，同样具有法律效力，但客户不在场的情况除外。

供电公司在运用公证送达方式时，应注意下列问题：①有关文书必须依法制作，内容要完备，形式要规范；②送达的各环节，从文书制作、送达过程到送达完毕，均应有公证人员参与，在公证书上应形成严密的证据链条，不可脱节；③作为留置送达的一种，公证送达应严格按留置送达的有关规定执行。

除直接送达方式外，公证送达也可以采用邮寄方式，即公证人员对供电公司邮寄《停电通知书》的全过程进行公证，供电公司只要拿到有客户签字的回执，就取得送达的目的。同时也避免了邮寄方式出现的无法证明寄出什么文件、签收什么函件的问题。

6．公告送达

根据《中华人民共和国民事诉讼法》（2012年修正）第九十二条规定："受送达人下落不明，或者用本节规定的其他方式无法送达的，公告送达。自发出公告之日起，经过六十日，即视为送达。"

有下列情况之一的，才能适用公告送达：一是受送达人下落不明。所谓下落不明，是指受送达人现在何处无从知晓。二是采用直接送达、留置送达、委托送达、转交送达、邮寄送达等五种送达方式均无法送达的。不符合这两种情况，就不得采取公告送达方法。此处的委托送法，指委托人民法院代为送达或邮寄送达；转交送达指受送达人是军人，或被监禁的，或被采取强制性教育措施的，通过其所在单位转交的方式。

公告送达，可以在供电公司的公告栏、受送达人原住所地张贴公告，也可以在报纸上刊登公告。无论采取哪种公告方式，都应当向受送达人说明文书的内容。供电公司发出公告后，须保管好应送达的文书原件，以备受送达人随时领取。自从公告、张贴、刊登之日起，满60日即视为送达。鉴于这一点，公告送达对于《停电通知书》并不太适用。

 案例3-8　催费不成就拉电，规范操作需谨记。

某居民客户刘女士家为电费批扣客户，6月份发生电费总额139元，而客户电费批扣账户余额为129元，因余额不足造成批扣失败。××供电营业所工作人员催费过程中，发现客户联系电话错误，无法通知，于6月28日对该户实施了停电。次月5日客户拨打95598投诉，反映没有收到任何通知，也没有收到过《催费通知单》、《停电通知书》的情况下擅自停电，造成家用冰箱融化，木制地板腐烂，要求赔偿损失。

相关规定

《中华人民共和国电力法》第二十九条规定：供电企业在发电、供电系统正常的情况下，应当连续向用户供电，不得中断。因供电设施检修、依法限电或者用户违法用电等原因，需要中断供电时，供电企业应当按照国家有关规定事先通知用户。

《中华人民共和国电力法》第五十九条规定：电力企业或者用户违反供用电合同，给对方造成损失的，应当依法承担赔偿责任。电力企业违反本法第二十八条、第二十九条第一款的规定，未保证供电质量或者未事先通知用户中断供电，给用户造成损失的，应当依法承担赔偿责任。

《电力供应与使用条例》第三十九条规定：自逾期之日起计算超过30日，经催交仍未交付电费的，供电公司可以按照国家规定的程序停止供电。

《供电营业规则》第六十七条规定：除因故中止供电外，供电公司需对客户停止供电时，应按下列程序办理停电手续：

（1）应将停电的客户、原因、时间报本单位负责人批准。批准权限和程序由省电网经营企业制定。

（2）在停电前三至七天，将停电通知书送达客户（如图4-16所示）。对重要客户的停电，应将停电通知书报送同级电力管理部门。

（3）在停电前30分钟，将停电时间再通知客户一次，方可在通知规定时间实施停电。

▶案例分析

本案例中，在《停电通知书》未送达客户、也未电话通知客户的情况下，擅自执行欠费停电，导致客户强烈不满，也对供电公司带来了恶劣影响。实际工作中也有抄表催费员直接将《停电通知书》张贴后拍照，电话通知客户停电也未留下凭证，或发送《停电通知书》但客户未签收的情况，实际跟上述案例无任何差别。因为《停电通知书》张贴后拍照的行为只能说明"送"，而无法证明"达"到客户，客户可以以出差在外地或者根本未看到等进行辩解；而电话通知客户停电，客户否认的情况下也无法提供任何证据；《停电通知书》未签收就是未送达，不具备法律效力。

建议采用当面送达客户签收，即直接送达方式；

用电户拒绝签收的，也可采用街道办事处、居（村）委会代表、乡镇党组织，或者当事人所在机关、企事业单位代表等第三方见证的留置送达；也可以向公证机构申请对直接送达的过程进行公证。

用电户出差在外的，可采用邮寄送达，并由公证机构人员对邮寄送达的全过程进行公证，且应拿到客户签收的回执；也可采用传真送达，并拿到客户签字回执的传真原件。

用电户下落不明，或采用其他送达方式均无法送达的，可采用公告送达。但注意从公告之日起满60日才视为送达。

但不管哪一种送达方式，均应严格按规定的程序执行，并注意法律效力和有关取证。

除送达方式之外，本案例中6月份电费，6月28日即执行欠费停电，显然不满足"自逾期之日起计算超过30日"的规定；而且《停电通知书》提前7天送达、停电前30分钟电话提醒等均未按规定执行，按照《中华人民共和国电力法》第五十九条规定，供电公司应承担赔偿责任。

▷ 防范措施

在公众法律意识普遍提高的外部环境下，供电公司必须严格执行操作程序，实行规范化管理。注意各种送法方式的有关规定和法律效力，严禁未送达《停电通知书》的情况下擅自停电。

同时，用电户联系方式的缺失，或更替后的失效，导致催费工作缺乏客户基础信息的支持。针对这一情况，可以通过集抄集收后片区经理制的（供电营业所为台区经理制）推广和电力积分商场的客户信息绑定逐步解决（具体见案例3-16）。

📄 案例3-9　公证送达有威力，程序执行应严格

某宾馆是某供电公司的欠费户，从2008年7月~11月，共拖欠电费额达28万元。经由某供电公司多次催要，该宾馆以种种理由拖延交纳。为保证电费足额回收上交，某供电公司派抄表催收员向该宾馆送达了《停电通知书》，该宾馆拒收。某供电公司遂决定对该宾馆采取公证送达《停电通知书》的方式。2008年12月24日，某供电

公司的工作人员再次向某宾馆送达了《停电通知书》，并请公证处的公证员对送达的全过程作了现场公证，并制成了《公证书》。面对严格按照法律程序办事的供电公司工作人员，某宾馆负责人不得不在《停电通知书》存根联上签了字，并表示一定要尽快筹款交纳电费。2008年12月31日，在《停电通知书》规定的最后期限内，某供电公司收到了某宾馆的电费转账支票，某宾馆所欠28万元电费全部收回。

　　▣ 相关规定

　　《中华人民共和国民事诉讼法》（2012年修正）第八十六条规定：受送达人或者他的同住成年家属拒绝接收诉讼文书的，送达人可以邀请有关基层组织或者所在单位的代表到场，说明情况，在送达回证上记明拒收事由和日期，由送达人、见证人签名或者盖章，把诉讼文书留在受送达人的住所；也可以把诉讼文书留在受送达人的住所，并采用拍照、录像等方式记录送达过程，即视为送达。

　　▣ 案例分析

　　公证送达作为留置送达的一种方式，由于公证人员的身份，使得公证送达更具权威性，法律效力更强，但应注意严格按留置送达的规定执行。

　　规范停限电操作程序，完善停限电通知签收手续，是供电公司维护自身利益、合法回收欠费的有效手段。

第四节　灵活运用各种催费手段

　　为了电费及时回收，电费余额按期结零，各供电公司创新性地提出各种催费手段和策略。如对于临时基建、租赁客户，积极说服产权所有者采用预购电、预付费、电卡表等方式；对于濒临破产客户，建议办理减容、销户等来优化供电方案，减少电费支出，同时采用预付费、财产抵押等方式规避破产风险；对于为他人做贷款担保的用电户，存在银行账户被冻结、突然破产的风险，应设法采取预购电、预付费、安装电卡表等多种措施控制电费风险；对于某些故意不交电费客户，可采用柔性催费措施；对于零星的居民客户，为调动其交费积极性，推出电力积分商城服务等。

预付费一般是指用户预付一笔资金到电费账户里，当客户欠费时即可抵充；预购电是客户按协商的购电单价提前购电，然后每月抄表结算后多退少补。电卡表是针对居民、低压非居民等只有电度电费的客户，安装电卡表后，按对应电价设置好购电单价，即可持电卡购电了。

一、对于临时基建、租赁客户，采用预购电、预付费、电卡表等方式

对于临时基建客户，由于《供用电合同》是与产权所有者——投资方签订的，而实际交纳电费由施工方承担，此时拖欠电费如不及时回收，可能会导致后期的电费纠纷，甚至形成电费呆账、坏账。同时，对于存在租赁关系的用电户也存在同样的问题，《供用电合同》是和产权所有者——户主签订，而实际交纳电费由承租户承担。因此，不管是临时基建客户，还是租赁经营户，在办理新装、增容时，应积极说服产权所有者采用预购电、预付费等电费结算方式，签订《电费结算协议》，规避施工方、承租户经营不善而出逃导致的电费回收风险；对于租赁的居民或低压非居民客户，建议安装电卡表，规避租户更换频繁，导致电费纠纷等风险。

案例3-10　承租户预付费，实际执行很方便。

某供电公司为防范承租经营客户经营不善、欠费逃逸，而户主又不肯支付欠费，导致电费无法回收的风险，要求所有新装用电的租赁经营客户，务必签订《预付费电费结算协议》，预交一个月的电费金额（用电容量×24×30×电价），并在营销信息系统中进行冻结，约定：①每月电费超过交费截止日，客户仍未交纳欠费的，供电公司可将这笔预付金额解冻，用于抵充欠费；②客户务必在交费截止日起10天内，到供电公司存足预付费的金额，否则供电公司有权予以停电。

▓▓案例分析

对于存在租赁关系的客户，在新装阶段采取预付费措施，向户主讲解预付费的好处，如预付费能够有效防止承租人出逃产生的电费风险、房租风险等，促使企业法人签订预付费协议。

对于承租经营户，采用预付费的结算方式，简单易行，既规避了户主的电费纠纷和风险，又解决了供电公司的电费回收难题。

当然，也可以采用预购电方式，对于租赁的居民或低压非居民客户，还可以安装电卡表，简单易行，方便快捷。

另一方面，对于已经在装用电的基建、租赁老客户，应积极向《供用电合同》的签约人——投资方和户主催收电费，而非施工方或承租户。并告知电费拖欠于投资方和户主的不利之处，积极说服采用预购电、预付费、电卡表等结算方式，规避电费回收风险。

案例3-11　临时接电费勿动，销户欠费才抵充。

2010年3月份，顺发实业有限公司基建工地春节放假后迟迟不能开工，所属供电营业所抄收人员多次上门走访催费却因工地空无一人而一无所获。后经过多次打听施工方消息，才与施工方取得联系，却得知施工方因给员工发放工资而无力支付电费，当月电费5360元无从着落。抄收人员立即向所属供电所汇报。通过分析，一方面认识到该客户基建用电属于临时用电，有充足数额的临时接电费，电费后期可以完全回收，但考虑到临时接电费需客户销户后才能取出，无法抵充当月欠费，会造成当月电费无从着落；另一方面也发现虽然通常交纳电费的是施工方，但《供用电合同》是由投资方签订，因此电费应由投资方来支付。

该供电营业所立即联系了远在异地的投资方顺发实业有限公司，并联系开发区主管单位帮助协调，督促投资方在当月将所欠电费5360元全额缴清，完成电费回收工作。

▓▓相关规定

《国家发展改革委关于停止收取供配电贴费有关问题的补充通知》（发改价〔2003〕2279号）规定：临时用电的电力用户应与供

电企业以合同方式约定临时用电期限并预交相应容量的临时接电费用。临时接电期限一般不超过3年。在合同约定期限内结束临时用电的，预交的临时接电费全部退还用户；确需超过合同约定期限的，由双方另行约定。

　🔲案例分析

　　（1）临时基建的临时接电费，由投资方在新装用电时交纳，虽然与投资方签订《供用电合同》，也应向投资方催交电费，但实际承担电费的是施工方。因此作为业务费的一种，临时接电费只用于销户后最后一笔欠费，杜绝临时接电费充抵日常欠费的错误做法。

　　（2）对于临时基建客户，虽然交纳电费的是施工方，但《供用电合同》是与投资方签订，因此拖欠电费应向投资方催讨。

　　（3）告知投资方电费拖欠可能导致的后期电费纠纷，甚至施工方拖欠电费，最后销户只能投资方垫付等不良后果，要求投资方督促施工方及时交纳电费，或直接建议采用预购电、预付费、电卡表等方式，规避投资方和供电公司的电费风险。

　　采用预购电、预付费等结算方式后，还应密切关注用电户预购电情况和生产经营状况，根据实际用电量（特别是315kVA及以上计算基本电费客户），及时调整预购电价，规避客户经营不善用电量小引起的实际购电单价升高，而计费购电单价不调整的话，会导致客户最后破产销户时，预购电金额不足抵债的后果。

📄案例3-12　承租户预购电，户主支持是关键。

　　2010年4月，某纺织机械制造厂高压新装400kVA配电变压器，通过与企业法人交谈得知该企业厂房及配电设备将用于出租，所属供电所耐心地与该企业法人协商办理预购电事宜，详细说明办理预购电能够有效防止承租人外逃产生的电费风险，对企业法人是百益而无一害，得到该企业法人的赞许。

　　在办理预购电业务中发现该企业承租人基本上是4～6天就来购电一次，每次5000元，仅仅6月份一个月就有7次购电，如此频繁小金额购电说明该承租人资金链有问题，抄表催费员就到企业附近厂家进行走访，了解到该企业一直处于亏损状态，8月份实际用电量比前3个月更少，8月20日抄表催费员联系承租人到供电所对其预购电进行阶段结算，考虑到该客户用电量小每月仅仅基本电费就有12000元，购电单价由2元提高到8元，补进20000元。

8月底该企业法人联系抄表催费员，告知承租人欠租金外逃，要求办理销户，经计算，电费结清后预收余额为13498.10元，退至该企业法人账户。

◈案例分析

对于已采用预购电、预付费结算方式的用电户，应了解企业生产经营情况，及时根据用电量（特别是315kVA及以上计算基本电费客户）更改预购电价；该案例中承租人一再保证用电量很快就会上去，希望调低预购电价，在出现欠费时，又提出希望调高电价慢慢补足，如果按承租人想法处理，电费风险防范就起不到任何效果，这是给我们的警示。

同时，应每月定期对预购电客户电费结算，多退少补。

二、对于濒临破产客户，建议办理减容、销户，采用预付费、财产抵押等方式

对于濒临破产客户，一方面从客户角度出发，上门服务优化供电方案，建议客户及时办理减容、销户业务，以降低电费支出；另一方面取得客户支持后，积极联系客户协商签订预付费协议（或者预购电、电卡表等），或提供财产抵押等电费担保，及时规避电费回收风险；同时实时跟踪企业经营状况，掌握企业动态信息，确保在第一时间控制电费风险隐患。

📋 案例3-13　濒临破产须关注，减容预付避风险。

2011年11月，某家居有限公司因债务纠纷，资金链断裂。掌握该信息后，供电营业所立即到企业进行了解情况，得知企业20日前将停止生产。一方面，供电营业所提供上门服务，从客户利益考虑建议该企业将合同容量320kVA（2台160 kVA变压器）减容至

160kVA，同时原两部制电价减容后也改为执行为单一制电价，以此降低每月基本电费支出，减少该企业电费开支，同时也降低了供电公司的电费风险。

另一方面，经双方协商一致，签订《预付费电费结算协议》，约定由供电营业所上门，将该企业信用社账户现有的资金3万元马上转入局电费账务作为电费预付费，并与企业签订《预付费电费结算协议》。在每次电费下账扣费后，对该企业营销系统中的"预付费"余额进行确认，一旦"预付费"余额不足支付下一次电费时，马上要求该企业将下一次发生的电费按时预付，否则，可按双方协议，对将该企业执行停电。

同时对企业经营状况进行日跟踪，客户服务中心指定人员，每日通过采集系统远程关注企业用电负荷的变化，供电营业所每日派人上门了解该企业生产经营状况，及时掌握企业的动态信息，确保在第一时间能控制电费风险隐患。

⁂案例分析

由于宏观经济形势，银行紧缩，企业资金链断裂，法人外逃时有发生，本案例中通过对该家居有限公司减容、预付费等方式成功防范了电费风险。

一方面从客户利益出发，建议濒临破产客户办理减容或销户，降低电费支出，使客户得到好处，方便后续工作；

另一方面与客户协商签订《预付费电费结算协议》，将电费回收风险规避到可控、在控范围内。

同时，对于所有用电户，尤其是濒临破产客户，应第一时间掌握企业经营状况信息，及时启动电费风险预案，规避电费回收风险。

但在实际工作中，预付费并不是必须执行的，由双方协商一致后才能实施。电能先用电后付费的模式，对电费回收工作和风险防范带来很大隐患。希望在不久的将来能实现电能先付费后用电，将风险防范在前。

三、对于为他人做贷款担保的客户，多种措施控制电费风险

对于为其他企业做贷款担保的客户，由于其他企业破产受到牵

连，往往出现银行账户被冻结、突然破产的情况，因此，不仅应密切跟踪客户的生产经营状况，还要关注客户的贷款担保情况，一旦发现此类客户，应积极采用预付费、预购电、电卡表等措施，及时启动电费风险预案。

除了预付费、预购电等电费结算方式，对于居民、低压非居民等客户还可以安装电卡表，有效规避电费回收风险。但由于安装电卡表需与客户协商，客户往往由于更换电能表等原因而不愿执行，因此可争取政府的配合和支持，通过政府部门的相关措施，对某些客户推行电卡表等风险防范措施。

此外，电卡表客户必须要抓好管理，特别是电卡表剩余电量和剩余电费的监测工作，以及阶梯电价、电价多费率的处理方式，需要管理人员有一定的责任心和管理能力。电卡表如管理不善，一方面会造成电卡表防范电费风险形同虚设，另一方面会有一定的服务和舆情风险。

案例3-14　贷款担保需关注，风险预案提前做。

某供电营业所在处理某债券公司客户欠费回收时，发现某制药有限公司为该债券公司银行贷款提供担保近200万元，同时通过银行了解到，该制药有限公司为多家高耗能高污染企业做贷款担保。发现这一情况后，供电营业所营销业务班立刻把该公司列为重点关注对象，多次走访要求企业配合供电部门进行电费风险防范，除交费转为分次结算外其他条件均遭客户拒绝（该客户为早期开户用电，无任何电费风险防范措施）。

2011年年底政府开展节能减排有序用电工作，供电营业所业务班立刻抓住机会，配合政府部门对高耗能单位需要电量限制的要求，推荐电卡表购电方式，得到政府部门认可，由政府部门要求部分企业安装电卡表。于2011年12月份成功对该制药有限公司安装电卡表，并采取电卡表预付费方式进行用电。电卡表安装后不足一个月，该制药有限公司由于为其他企业做银行贷款担保问题导致倒闭，但其所欠电费均顺利回收，同时供电所积极联系企业法人，迅速办理相关销户手续，避免欠费扩大化。

▷案例分析

（1）对于为他人做贷款担保、存在突然破产风险的客户，为规避其银行账户被冻结的电费风险，应及时启动电费风险预案，采用预付费、预购电、安装电卡表等措施。

（2）电卡表模式可以有效地避免电费回收问题和电费风险问题。

（3）积极寻找政府等部门工作的共同利益点，对客户采取可行的电费风险防范措施。

四、柔性催费

对于某些故意不交费的客户，可采用柔性催费的措施。柔性催费，即不停电催费，告知电费交纳的必要性和电费拖欠的不良后果，晓之以情，动之以理，达到客户主动交费的最终目的。

《电力供应与使用条例》第三十条规定："客户逾期未交付电费的自逾期之日起计算超过30日，经催缴仍未付电费的，供电公司可以按照国家规定的程序停电。"

供电公司如严格按照此规定，采用停电催费的措施，势必会降低电费回收的及时性，甚至增加了呆账、坏账甚至死账的风险。因此当前形势下，采用柔性催费的措施，既避免了按规定时间停电催费的滞后性，也符合了供电公司优质服务的理念。

📄案例3-15 你用电，我用心。

某分次结算的客户，25日人工电话催费，客户回复保证月底前交付电费。月底前一天仍未交付，抄表催费员打电话给客户，对方未接；到厂方视察，门关闭，门卫说老板娘出车祸住院了。抄表催费员当即购买了鲜花水果，到医院看望客户（病人），以普通朋友的身份，关心客户伤势及恢复情况，以诚相待，最后终于感化了客户，客户对欠费表示歉意，并当即打电话给其小姐妹结清电费。

▷案例分析

以情感化客户。催费对事不对人，做好与客户的沟通工作，争取客户对个人工作的理解，促使客户主动交费。

当然对于某些客户，采用柔性催费措施仍无法回收电费的，也可软硬皆施，在电费逾期30日经催缴仍未交付的，可按规定程序欠费停电。柔性催费，一方面告知停电可能会带来的经济损失，另一方面及时告知客户交费的渠道，督促客户执行停电前及时交费。

五、电力积分商城

为了提高居民客户交费的主动性，调动交费积极性，浙江省电力公司于2013年1月1日起正式向客户推出电力积分商城活动，活动以积分兑换礼品的方式，鼓励居民客户使用方便快捷的电子支付方式。

2012年12月16日，浙江省供电服务中心与杭州市电力公司员工一起走进杭州市仙林苑社区，为居民客户现场办理电子积分注册并接受业务咨询，国家电网报对此进行了及时报道，2013年1月1日浙江电力积分商城活动正式上线了。这在网络上引起很大反响，很多网友通过"SOSO问问"、"360问答"、"19lou"等网络平台询问电力积分注册和客户绑定的有关问题，充分证实了积分商场活动的影响力，对零星居民客户的催费具有积极作用。

积分商场活动主要通过三个渠道进行积分：一是在浙江电力积分商场注册并成功绑定用电户号后，可获得一定的奖励积分；二是电费发行后10天内交费，根据具体的交费方式，获得一定的基本积分；三是密切关注积分商场活动信息，积极参与就会获得一定的积分，参加积分有奖问答活动，连续正确回答一定数量的问题，即可获得一定的积分。每个用电户号只能参加一次。每年年底客户可凭获得的积分兑换礼品。

1．操作界面

客户登录电力积分商城网址：https://dzjf.zj.sgcc.com.cn，出现如图3-13所示页面。单击"免费注册"，跳转至如图3-14所示页面，即可注册客户信息。

图 3-13　登录页面

图 3-14　注册积分账号页面

　　输入相关信息后，单击"下一步"跳转至图3-15所示账户信息录入页面。录入账户信息后，单击"下一步"跳转至图3-16所示客户绑定页面，录入用电户号等信息后，单击"保存"即可。

图 3-15　账户信息录入页面

图 3-16　客户绑定页面

2．积分规则

电力积分商场目前仅适用于杭州地区居民一户一表用电户，积分包括基本积分、诚信积分和奖励积分三部分：

基本积分：根据客户交费方式和交费时间，依据一定的积分规则生成；

诚信积分=基本积分×设置奖励百分比；

奖励积分=业务奖励积分＋活动奖励积分。

（1）基本积分

基本积分通过银行批扣、充值卡抵扣、支付宝交费及其他交费方式获得。银行批扣包括金融机构银行批扣和托收、客户通过银行批扣方式进行交费，其积分规则见表3-1；客户通过电费充值卡抵扣方式进行交费，其积分规则见表3-2；客户通过支付宝方式交费，其积分规则见表3-3。其他交费方式包括供电营业厅自助现金交费、供电营业厅柜台交费、数字电视交费，其积分规则见表3-4。

表3-1　银行批扣的积分规则

批扣时间	获得积分
发行当天批扣成功	500
发行后第2天批扣成功	450
发行后第3天批扣成功	400
发行后第4天批扣成功	350
发行后第5天批扣成功	300
发行后第6天批扣成功	250
发行后第7天批扣成功	200
发行后第8天批扣成功	150
发行后第9天批扣成功	100
发行后第10天批扣成功	50

表 3-2　电费充值卡抵扣的积分规则

交费时间	获得积分
发行抵扣当天成功	500
发行抵扣第2天成功	450
发行抵扣第3天成功	400
发行抵扣第4天成功	350
发行抵扣第5天成功	300
发行抵扣第6天成功	250
发行抵扣第7天成功	200
发行抵扣第8天成功	150
发行抵扣第9天成功	100
发行抵扣第10天成功	50

表 3-3　支付宝交费的积分规则

交费时间	获得积分
发行后交费当天	250
发行后交费第2天	225
发行后交费第3天	200
发行后交费第4天	175
发行后交费第5天	150
发行后交费第6天	125
发行后交费第7天	100
发行后交费第8天	75
发行后交费第9天	50
发行后交费第10天	25

表 3-4　其他收費的積分規則

交費時間	獲得積分
發行後交費當天	50
發行後交費第2天	45
發行後交費第3天	40
發行後交費第4天	35
發行後交費第5天	30
發行後交費第6天	25
發行後交費第7天	20
發行後交費第8天	15
發行後交費第9天	10
發行後交費第10天	5

（2）誠信積分

客戶一年（12個月）內未產生違約金，誠信值會達到12，在下一個月計算積分時會進行誠信積分獎勵，其獎勵規則見表3-5。

表 3-5 獎勵積分規則

連續交費時長	獲得積分	計分年月
連續1年及時交費	基本積分×10%	第13~24月
連續2年及時交費	基本積分×20%	第25~36月
連續3年及時交費	基本積分×30%	第37月及以上

注：如在積分期內發生有一次未及時交費行為，則連續交費時間重新開始計算。

（3）獎勵積分

1）客戶在電子積分商城註冊賬號，並綁定成功後，獎勵1000積分。

2）参与积分商城的活动，即积分商城"缤纷活动"会有对应的奖励积分。

电力积分商城活动的推行，促进了客户个人信息的主动维护和更新，大大调动了客户交费的积极主动性。一方面通过客户联系方式等信息的注册，可以及时更新客户资料，解决客户基础信息缺失无法联系催费等问题；同时，如果用电户名与客户身份证名字不符，必须要到供电公司办理更名手续，才可以绑定成功，因此电力积分商城还能促使购房户及时过户，客户信息第一时间得以更新，大大方便了催费工作。另一方面根据客户交费的及时性，获取不同的积分，积分到一定数额可兑换礼品，可大大激发客户按时交费的兴趣；而且逾期交费产生电费违约金，将会失去诚信积分，也从一定程度上杜绝了客户拖延交费的现象。

案例3-16　居民购房懒过户，停电催费有难度。

某居民买房后，迟迟未到供电公司办理相关手续，导致用电户名仍为原户主。2012年7月份该居民欠费，抄表催费员持《催费通知单》、《停电通知书》先后送到客户家中，以催收欠费。但居民客户均以通知单上户名非本人为由，拒绝签收，导致无法执行欠费停电。抄表催费员反映，要办理过户，必须由客户本人持相关证件，到供电公司办理交接手续。由于不办理过户对居民客户没有任何影响，因此迟迟没有办理，导致现在的欠费停电无法执行的问题。

▷案例分析

由于目前房屋产权变更频繁，这一问题在居民一户一表用电户中十分普遍，同时在物业公司中也有存在，而如果客户不主动办理过户，供电公司是无权直接办理过户的，而且也没有相关证件资料的支持。

但是，通过电力积分商场的宣传，让更多的居民客户了解供电公司这一新时代产品，只要客户信息绑定后，及时交费可换取积分并兑现礼品等诸多优惠，那么会有越来越多的居民客户主动参与进来，主动维护、更新个人信息，这样既有利于获取客户最新联系方式,也方便了之后的电费催收、欠费停电等一系列工作。

▓▶防范措施

电力积分商场,如能宣传到位,能在很大范围内使居民客户交费、个人信息的更新,均由被动变为主动,使电费催收等一系列工作都变得简单易行。

此外,针对房产开发商小区批量新装后,购房客户不来办理过户的问题,除了电力积分商城积极解决这一问题,目前某些供电公司还提出"集中装表,分户接电",即实名制申请装表接电,有效规避了购房户不办理过户、用电产权不清等后续电费风险和隐患。

第四章

电费回收风险防范

当前，电费拖欠已成为困扰供电公司经营和发展的重要问题之一，如何及时有效地回收当期和陈欠电费，降低不良债务，有效防范和化解电费回收风险，是供电公司亟须解决的重要课题。

案例4-1　银行贷款应关注，濒临破产需防范。

某造船厂用电户，由3台1500kVA变压器供电，每月电费10万元左右，交费方式为银行托收。今年11月突然取消托收，电费以支票结清。12月电费10万元迟迟未交，多次电话催费未果后，12月25日抄表催费员直接持POS机到用电现场催费，督促客户以银行卡、信用卡刷卡或现金交费，但客户以没有现金为由拒绝交费。后了解到客户生产已暂停，建议客户销户，但客户不肯，最后只暂停了2台变压器。又了解到该客户在某银行贷款30万元，目前贷款到期，银行贷款抵押厂房准备拍卖……

　案例分析

这是一个典型的濒临破产的用电户，从取消托收到支票交费，从没有现金到银行贷款到期未还，甚至厂房拍卖……面对这样的客户，如何讨回所欠电费？是否应继续供电？后期电费风险如何规避？客户宣布破产又后如何处理？

本章将结合《中华人民共和国物权法》《中华人民共和国担保法》《最高人民法院关于适用<中华人民共和国担保法>若干问题的解释》（以下简称《解释》）《中华人民共和国民法通则》《中华人民共和国合同法》《中华人民共和国企业破产法》等，介绍担保手段的应用和电费回收风险的防范，以及破产客户的电费追讨等。

第一节　电费担保手段的应用

在我国各种法律法规不断健全、完善的今天，充分利用法律武器保护供电公司自身的利益，是供电公司在市场经济环境下开展经营活动的迫切需要。《中华人民共和国担保法》为保障债权的实现提供了一系列行之有效的措施，在当前形势下，利用《中华人民共和国担保法》实行电费担保，对于解决电费回收难、降低供电公司的经营风险是非常必要的，也是保障电费债权的有效途径，具有很重要的现实意义。

供用电合同关系属民事法律关系范畴，供电公司要充分利用法律法规保护自身合法权益，在具备法定条件时，依法要求客户提供电费担保。供电方应与用电方签订《供用电合同》和《电费担保合同》，或在《供用电合同》中设立保证条款，依法明确供用电双方的权利和义务，减少不必要的用电纠纷。这既有《中华人民共和国合同法》《中华人民共和国担保法》支持，能有效降低电力销售风险，又缩短了电力贸易结算周期。

为了提高电费担保的客户覆盖率，签订《供用电合同》时可在补充条款中约定："如果客户发生拖欠电费事宜，应在补缴电费、恢复供电前，向供电公司提供适当担保；不提供担保或采取其他措施的，供电公司可依据不安抗辩权，不予恢复供电。"这样只要客户欠费停电后，即可依据《供用电合同》有关规定，要求客户提供担保。

一、担保方式

《中华人民共和国担保法》对担保方式作出具体明确的规定，即保证、抵押、质押、留置和定金五种方式，根据其性质又可归类为人保、物保和金钱保，如图4-1所示。

留置是指按照合同约定，一方占有对方的财产，对方不按照合同给付应付款项，超过约定期限的，占有人有权留置该财产，依照法律的规定以留置财产折价或者以变卖该财产的价款优先得到偿还。而供电公司的财产——电能是产、供、销同时完成的，且根据

《电力供应与使用条例》，欠费逾期30天才可以停止供电，因此电费回收不适用于留置的担保方式。

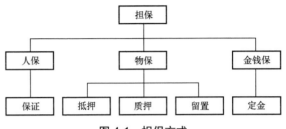

图 4-1　担保方式

定金是当事人一方在法律规定的范围内可以向对方给付定金。债务人履行债务后，定金应当抵作价款或者收回。给付定金的一方不履行债务的，无权要求返还定金；接受定金的一方不履行债务的，应当双倍返还定金。定金是为约束双方行为而提前给付的金额，适用于一次性交易，而不适用于连续供电的电力交易。

综上，结合电力交易的特点，在电费回收管理中可选择的担保方式有保证、抵押、质押三种。

二、保证

保证，是指第三人和债权人约定，当债务人不履行债务时，由第三人按照约定履行债务或者承担责任的担保方式。其中，该第三人叫保证人。保证的实质是由第三人提供的信用担保。当然，第三人为债务人向债权人提供担保时，可以要求债务人提供反担保，反担保适用于担保的有关规定。其关系如图4-2所示。

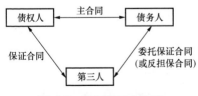

图 4-2　保证的三方关系

1．保证的方式

保证的方式有一般保证和连带责任保证。

（1）一般保证

指当事人在保证合同中约定，债务人不能履行债务时，由保证人承担保证责任的，为一般保证。一般保证的保证人依法享有先诉抗辩权，即在主合同纠纷未经审判或者仲裁，并就债务人财产依法强制执行仍不能履行债务前，保证人对债权人可以拒绝承担保证责任。

可见，在一般保证中，保证人仅在债务人的财产不足以完全清偿债务的情况下，才负保证责任。

（2）连带责任保证

指当事人在保证合同中约定，保证人与债务人对债务承担连带责任的，为连带责任保证。连带责任保证的债务人在主合同规定的债务履行期届满没有履行债务的，债权人可以要求债务人履行债务，也可以要求保证人在其保证范围内承担保证责任。连带责任的保证人不享有先诉抗辩权。

当事人对保证方式没有约定，或约定不明确的，按照连带责任保证承担保证责任。

2．保证的期间

（1）一般保证

一般保证的保证人与债权人未约定保证期间的，保证期间为主债务履行期届满之日起六个月。

在合同约定的保证期间和前款规定的保证期间，债权人未对债务人提起诉讼或者申请仲裁的，保证人免除保证责任；债权人已提起诉讼或者申请仲裁的，保证期间适用诉讼时效中断的规定，即保证期间自提起诉讼或申请仲裁之日起重新计算。

（2）连带责任保证

连带责任保证的保证人与债权人未约定保证期间的，债权人有权自主债务履行期届满之日起六个月内要求保证人承担保证责任。

在合同约定的保证期间和前款规定的保证期间，债权人未要求保证人承担保证责任的，保证人免除保证责任。

另外，相对于上述一时保证，还有最高额保证。最高额保证就是指保证人和债权人签订一个总和保证合同，为一定期限内连续发生的借款合同和某项商品交易行为提供保证，只要债权人和债务人在保证合同约定的债权额限度内进行交易，保证人则依法承担保证责任。最高额保证通常适用于债权人与债务人之间具有经常性的、同类性质业务往来，多次订立合同而产生的债务，如经常性的借款合同或某项商品交易合同关系等，对一段时期内订立的若干合同，以订立一份最高额保证合同为其担保，可以减少每一份主合同订立一个保证合同所带来的不便，同时仍能起到债务担保的作用。

最高额保证合同对保证期间没有约定或者约定不明的，如最高额保证合同约定有保证人清偿债务期限的，保证期间为清偿期限届满之日起六个月。没有约定债务清偿期限的，保证期间自最高额保证终止之日或自债权人收到保证人终止保证合同的书面通知到达之日起六个月。

案例4-2　经营恶化无欠费，电费保证最高额。

某制酸厂是某市的用电大户，2007年下半年市供电公司在了解到该厂因受市场影响，经营状况严重恶化的信息后，快速反应，及时与该厂负责人联系，要求提供电费担保。虽然该客户资金紧张，但目前无欠费，因此只能提供最高额担保。客户邀请了该厂的控股主管部门味精有限公司作为第三方保证人，三方签订《电费保证合同》，采取了"最高额保证"，约定为保证2007年10月1日至2008年10月1日期间连续发生的电力商品交易，只要供电公司和制酸厂在最高债权额10万元以内进行交易，第三方保证人——味精有限公司则依法承担保证责任，保证方式为"连带责任保证"。

2007年底，该制酸厂由于资金链断裂，无法支付工人工资等破产，供电公司依法送达《保证人履约通知书》，要求味精有限公司履行保证责任，该公司不得不签字接收，并按期支付了电费，从而有效规避了欠费风险。

▷ 有关规定

《中华人民共和国担保法》第十四条规定：保证人与债权人可以就单个主合同分别订立保证合同，也可以协议在最高债权额限度内就一定期间连续发生的借款合同或者某项商品交易合同订立一个保证合同。

▷ 案例分析

与一般贷款不同，电费债权是在连续的电力商品交易中产生的，而且电力交易一般是采用先用电后付费的模式，这就增加了电费回收的风险，尤其是一些用电大户，每月电费金额巨大，一旦客户破产则无从收回。因此，根据此特点可以订立《最高额电费保证合同》，约定为保证一定期间内连续发生的电力商品交易，只要供电公司和用电客户在保证合同约定的债权额限度内进行交易，第三方保证人则依法承担保证责任。这样对于经营恶化濒临破产的用电客户，即使没有欠费，为了有效控制破产时的电费回收风险，也可以签订《最高额电费保证合同》，提供电费担保。

3. 保证人的资格

根据《中华人民共和国担保法》第七条规定："具有代为清偿债务能力的法人、其他组织或者公民，可以作保证人。"

下列法人或其他组织禁止作为保证人：国家机关不得作为保证人，但经国务院批准为使用外国政府或者国际经济组织贷款进行转贷的除外；学校、幼儿园、医院等以公益为目的的事业单位、社会团体不得为保证人；企业法人的分支机构、职能部门不得为保证人，但企业法人的分支机构有法人书面授权的，可用在授权范围内提供保证；任何单位和个人不得强令银行等金融机构或者企业为他人提供保证；另外《中华人民共和国公司法》（2013修正）第六条规定："公司向其他企业投资或者为他人提供担保，依照公司章程的规定，由董事会或者股东会、股东大会决议；公司为公司股东或者实际控制人提供担保的，必须经股东会或者股东大会决议。"因此董事、经理以公司资产可以为办公司的股东或者其他个人债务提供担保，但必须经股东会或股东大会决议。

案例4-3　承租户开增值税，多种方式来解决。

某鞋业制造商租赁村委会的厂房用以生产，二者签订了《房屋租赁合同》，而后鞋业公司到供电公司申请新装用电，由于需要开具增值税电费发票，要求以承租户鞋业公司之名来开户用电，那么供电公司能否办理？

⟫相关规定

《中华人民共和国担保法》第七条的规定：保证人必须是具有代为清偿能力的法人、其他组织或公民，可以做保证人。国家机关不得作为保证人，但经国务院批准为使用外国政府或者国际经济组织贷款进行转贷的除外。

⟫案例分析

根据规定，用电产权应与房屋产权一致，只能以户主的名字或户主名下的公司来开户用电。但由于目前租房经营户越来越多，而要求开具增值税电费发票的呼声也越来越高，因此也可以灵活运用担保手段。

比如，以户主为第三方保证人，与户主签订《电费保证合同》后，再以承租户之名开户用电，此后若承租户欠费逃逸，则按《电费保证合同》，应由户主承担保证责任，此时应在《电费保证合同》中明确保证期间、保证范围等条款内容。

有关保证人的资格，村委会是否可以作为保证人？根据《中华人民共和国担保法》"国家机关不得作为保证人"，因此街道办事处等不能作为保证人，但村委会不属于国家机关，只是群众性组织，且具有代为清偿能力，因此可以作为保证人。

⟫防范措施

对于承租经营户，可以采用两种方式：

一是与户主签订《供用电合同》，催缴电费应向《供用电合同》用电方签约人（或单位）进行催缴。供电公司不与承租户发生直接关系。

二是与承租户签订《供用电合同》，但同时必须与户主签订

《电费保证合同》，以户主为第三方保证人，明确保证期间、保证范围等条款，规避电费风险。此时，应要求承租户和村委会双方出具身份证、《房屋租赁合同》、《房产证》，并签订《电费保证合同》后，再办理承租户的开户用电手续。

但对于一本土地证的商业园区，多个承租户要求分别立户的情况。原则上一本土地证只能立一户，至于增值税电费发票，只要土地产权人到当地税务机关备案，即可每月到当地税务机关将一张增值税发票按照承租户实际电费金额分别开具，可有效解决增值税发票的问题。

4. 保证合同的内容

根据《中华人民共和国担保法》第十五条规定，保证合同应具备以下内容：

（1）被保证的主债权种类及数额。

（2）债务人履行债务的期限。

（3）保证的方式。

（4）保证担保的范围。保证担保的范围依当事人在保证合同的约定，无约定时按《中华人民共和国担保法》第二十一条规定处理，即包括主债权及利息、违约金、损害赔偿金和实现债权的费用等全部损失。

（5）保证的期间。

（6）双方认为需要约定的其他事项。主要是指赔偿损失的范围及计算方法，是否设立反担保等。保证合同的内容不完全的，可以补充。

5. 保证责任

（1）主债权债务的转让对保证责任的影响。保证期间，债权人依法将主债权转让给第三人的，保证人在原保证担保的范围内继续承担保证责任。保证合同另有约定的，按照约定。保证期间，债权人许可债务人转让债务的，应当取得保证人书面同意，保证人对未经同意转让的债务，不再承担保证责任。

（2）主合同的变更对保证责任的影响。债权人与债务人协议变更主合同的，应当取得保证人书面同意，未经保证人书面同意的，保证人不再承担保证责任。保证合同另有约定的，按照约定。

债权人与债务人对主合同履行期限作了变动，未经保证人书面同意的，保证期间为原合同约定的或者法律规定的期间。

（3）保证与物权担保并存时，物的担保高于人的担保。根据《中华人民共和国担保法》第二十八条规定："同一债权既有保证又有物的担保的，保证人对物的担保以外的债权承担保证责任。债权人放弃物的担保的，保证人在债权人放弃权利的范围内免除保证责任。"

（4）担保合同是主债权债务合同的从合同。根据《中华人民共和国物权法》第一百七十二条："担保合同是主债权债务合同的从合同。主债权债务合同无效，担保合同无效，但法律另有规定的除外。"

案例4-4　《供用电合同》续签，书面同意当取得，除非最高额有约。

为降低电费回收风险，某供电公司采用用电客户甲和客户乙之间互为保证人等形式，与部分高压客户签订了《电费保证合同》，之后这些客户的《供用电合同》陆续进行了续签，那么，原来签订的《电费保证合同》是否仍然有效？

▒ 相关规定

《中华人民共和国担保法》第二十四条规定：债权人与债务人协议变更主合同的，应当取得保证人书面同意，未经保证人书面同意的，保证人不再承担保证责任。保证合同另有约定的，按照约定。

《解释》第三十条规定：债权人与债务人对主合同履行期限作了变动，未经保证人书面同意的，保证期间为原合同约定的或者法律规定的期间。

▒ 案例分析

根据上述规定，分析总结如下：

第一，客户由于用电变更等需重签《供用电合同》的，"应当取得保证人书面同意，"才能使《电费保证合同》继续有效；但若《供用电合同》中约定"供电公司和用电户协议变更主合同时，无需经保证人同意，保证人仍在原保证范围内承担相应保证责任"等类似内容条款，那么不论《供用电合同》重签是否经保证人同意，《电费保证合同》仍然有效。

第二，《供用电合同》到期需续签《供用电合同》的，即"对主合同履行期限作了变动"时，应取得保证人的书面同意（签字确认），才能保证原《电费保证合同》仍然有效。否则《电费保证合同》只在原《供用电合同》约定的有效期间内有效。

当然，也可以采用《供用电合同》和《电费保证合同》同步续签的方式，同步更新《电费保证合同》中"主合同号"等内容。

实际工作中，续签《电费保证合同》往往较麻烦，因此也可采用最高额保证的方式，约定"所有供用电关系下产生的所有债务，均在此担保范围内"，这样续签《供用电合同》就不必同步续签《电费保证合同》或经保证人书面同意了。

⬡ 防范措施

（1）在《电费保证合同》中约定"供电公司和用电户协议变更主合同时，无需经保证人同意，保证人仍在原保证范围内承担相应保证责任"等类似内容条款，这样用电变更重签《供用电合同》时，就不必取得保证人书面同意了。

（2）电费担保采用最高额保证的方式，只要《电费保证合同》约定"所有供用电关系下产生的所有债务，均在此担保范围内"，即主合同不是某一具体合同，而是供用电关系下可能产生的一系列债务。那么只需续签《供用电合同》，而不必经保证人书面同意，或同步续签《电费保证合同》了。

📋 **案例4-5 《供用电合同》无效，担保合同也无效，除非最高额有约。**

为降低电费回收风险，某供电公司采用用电客户甲和客户乙之间互为保证人等形式，针对部分高压客户采取了第三方保证的担保方式。但由于历史遗留问题，这些高压客户的《供用电合同》存在或缺企业印章，或缺法人签字，甚至根本未签订《供用电合同》等情况，那么现在签订《电费保证合同》是否有效？

▶ 相关规定

《中华人民共和国担保法》第五条规定：担保合同是主合同的从合同，主合同无效，担保合同无效。担保合同另有约定的，按照约定。

《中华人民共和国物权法》第一百七十二条规定：设立担保物权，应当依照本法和其他法律的规定订立担保合同。担保合同是主债权债务合同的从合同。主债权债务合同无效，担保合同无效，但法律另有规定的除外。

《中华人民共和国物权法》第一百七十八条规定：担保法与本法的规定不一致的，适用本法。

▶ 案例分析

首先，供电公司的《电费保证合同》是《供用电合同》的从合同，《供用电合同》由于缺企业印章，或缺法人签字，甚至根本未签订等原因而无效时，根据《中华人民共和国担保法》或《中华人民共和国物权法》，从合同也无效。

根据《中华人民共和国担保法》，"担保合同另有约定的，按照约定。"即如果在《电费保证合同》中加入"本合同独立于主合同，不因《供用电合同》的无效而无效，如《供用电合同》无效，保证人仍应按本合同承担保证责任"等类似内容条款，则即使《供用电合同》无效，保证人仍应按此约定承担保证责任。

但根据《中华人民共和国物权法》，"主债权债务合同无效，担保合同无效，但法律另有规定的除外。"即使《电费保证合同》中有此条款，也仍然无效，除非法律上有此规定。

究竟应按哪一个规定？由于《中华人民共和国物权法》第一百七十八条规定"担保法与本法的规定不一致的，适用本法。"因此应以《中华人民共和国物权法》为准，除非法律上有规定，否则仍按"主债权债务合同无效，担保合同无效。"即《电费保证合同》的此类约定仍无效。除了《电费保证合同》以外，其他担保手段，如抵押，质押等，也同样适用于以上规定。

◈◈防范措施

（1）由于历史遗留问题导致《供用电合同》无效的，应及时重签《供用电合同》，然后再签订《电费保证合同》。

（2）可采用最高额保证的方式，依据供用电关系在《电费保证合同》中约定"所有供用电关系下产生的所有债务，均在此担保范围内"。当然最好及时签订《供用电合同》。

6．电费保证合同的注意事项

（1）严格审查保证人资格，避免由于保证人资格不合法而导致保证合同无效。

（2）选择恰当的保证方式。结合《供用电合同》的特点，最好采用最高额保证，而且是"连带责任保证"。

（3）一定要签订书面保证合同。保证合同可以是与保证人签订的正式合同书，也可以是体现保证性质的信函、传真、签章、《供用电合同》中的担保条款及保证人单方出具的担保书。

（4）要约定好保证期间。未约定或约定不明时，要依法确定保证期间，并注意及时行使权利。《解释》第三十二条规定："保证合同约定的保证期间早于或者等于主债务履行期限的，视为没有约定，保证期间为主债务履行期届满之日起六个月。"

（5）要注意保证合同的诉讼时效期间。

1）根据《中华人民共和国民法通则》第一百三十五条："向人民法院请求保护民事权利的诉讼时效期间为二年，法律另有规定的除外。"因此，保证合同的诉讼时效为二年。

2）一般保证的债权人在保证期间届满前对债务人提起诉讼或者申请仲裁的，从判决或者仲裁裁决生效之日起，开始计算保证合同的诉讼时效。

3）连带责任保证的债权人在保证期间届满前要求保证人承担保证责任的，从债权人要求保证人承担保证责任之日起，开始计算保证合同的诉讼时效。

同时，作为债权人，供电公司也可以在《供用电合同》的诉讼时效期间直接对用电客户（即债务人），提起法律诉讼要求履行债务。各种保证方式的保证期间和诉讼时效总结见表4-1。

表 4-1　保证期间和诉讼时效

保证方式	保证期间	免责声明	诉讼时效
一般保证	① 有合同约定的，按合同约定。 ② 未约定的，保证期间为主债务履行期届满之日起六个月。 ③ 在保证期间，债权人应要求保证人清偿债权，保证人未清偿的应在保证期间对债务人提起诉讼或申请仲裁	在保证期间，债权人未对债务人提起诉讼或申请仲裁的，保证人免除保证责任	债权人在保证期间届满前对债务人提起诉讼或者申请仲裁的，从判决或者仲裁裁决生效之日起，开始计算保证合同的诉讼时效
连带责任保证	① 有合同约定的，按合同约定。 ② 未约定的，保证期间为主债务履行期届满之日起六个月。 ③ 在保证期间，债权人应要求保证人承担保证责任（即清偿债务）	在保证期间，债权人未要求保证人承担保证责任的，保证人免除保证责任	债权人在保证期间届满前要求保证人承担保证责任的，从债权人要求保证人承担保证责任之日起，开始计算保证合同的诉讼时效
最高额保证	① 有合同约定的，按合同约定。 ② 未约定或约定不明的，保证期间为清偿期限届满之日起六个月（清偿期限未约定的，保证期间为最高额保证终止之日或自债权人收到保证人终止保证合同的书面通知到达之日起六个月）。 ③ 最高额保证可采用一般保证或连带责任保证方式。其免责声明和诉讼时效适用于上述规定		

注：《供用电合同》《电费保证合同》的诉讼时效为两年。

案例4-6　催费通知有效送，保证期间履约函，诉讼时效均把握。

为降低电费回收风险，某供电公司要求用电客户提供电费担保。某客户邀请了第三方作为保证人，第三方与供电公司签订了

《电费保证合同》，保证方式为最高额保证，且为连带责任保证。随后2014年10月电费迟迟未交，11月10日客户突然宣布破产。经核实，该客户《供用电合同》中约定交费截止日为月末最后一天，第三方《电费保证合同》未约定保证期间。那么供电公司应如何行使担保权？

▦ 相关规定

《解释》第三十七条规定：最高额保证合同对保证期间没有约定或者约定不明的，如最高额保证合同约定有保证人清偿债务期限的，保证期间为清偿期限届满之日起六个月。没有约定债务清偿期限的，保证期间自最高额保证终止之日或自债权人收到保证人终止保证合同的书面通知到达之日起六个月。

《中华人民共和国担保法》第二十六条规定：（连带责任保证）在合同约定的保证期间和前款规定的保证期间，债权人未要求保证人承担保证责任的，保证人免除保证责任。

《解释》第三十四条规定：连带责任保证的债权人在保证期间届满前要求保证人承担保证责任的，从债权人要求保证人承担保证责任之日起，开始计算保证合同的诉讼时效。

《中华人民共和国民法通则》第一百三十五条规定：向人民法院请求保护民事权利的诉讼时效期间为二年，法律另有规定的除外。

▦ 案例分析

首先，应在债务清偿期届满（即交费截止日10月31日）前，通知用电客户履行债务，如送达《电费通知单》等。

其次，清偿期届满（10月31日）后，一方面，继续要求用电客户履行债务，并留下证据，如送达《催费通知单》，应保留客户签字的存根联等；另一方面，还应要求第三方保证人履行债务。由于《电费保证合同》未约定保证期间，那么根据规定"保证期间为清偿期限届满之日起六个月"。而《供用电合同》中约定交费截止日为月末最后一天，因此2014年10月电费债务的保证期间为2014年10月末至2015年4月末。在保证期间，债权人应通知保证人履约——承担保证责任（即清偿债务），并应留下证据，如《保证人履约通知书》等，要求保证人签字确认（或盖章）。

再次，若保证人也迟迟未履约，那么从通知保证人履约，如《保证人履约通知书》签字存根联日期为2015年1月1日的，那么应在2015年1月1日至2017年1月1日期间，对保证人提起法律诉讼。

当然，也可以直接对债务人（即用电客户）提起法律诉讼。如《催费通知单》客户签字的存根联日期为10月30日的，应在2014年10月30日至2016年10月30日期间，对债务人提起法律诉讼。

案例4-7 明确担保方式，把握诉讼时效。

2001年化工公司与供电公司形成事实供用电关系，2002年双方正式签订《高压供用电合同（一）》及《电费结算协议》，供电公司全面履行了合同义务，但化工公司未按照电费结算协议约定的时间交纳电费。2004年化工公司向供电公司出具《还款协议书》，某投资公司与供电公司签订《电费还款保证协议》，愿意对化工公司的还款计划承担连带保证责任。2005年化工公司又出具《新还款计划书》，同时某投资公司也承诺对《新还款计划书》继续进行担保。鉴于化工公司多次拖延履行债务，2006年供电公司向中级法院提起诉讼，要求化工公司和投资公司支付电费及逾期付款利息。

庭审中，第二被告某投资公司辩称：①根据《电费还款保证协议》，投资公司同意担保的是电费欠款，没有约定必须承担逾期付款利息的担保责任；②《电费还款保证协议》约定："保证人的连带责任由保证人在债权人所拥有的股东权益及保证人其他可兑现的资产进行兑现"，该协议实质上是一份《股份权利质押合同》，根据《中华人民共和国担保法》规定，质押合同自股份出资记载于股东名册之日起生效。该《股份权利质押合同》并没有生效。

相关规定

《最高人民法院关于审理民事案件适用诉讼时效制度若干问题的规定》（以下简称《规定》）第十六条规定：义务人作出分期履行、部分履行、提供担保、请求延期履行、制定清偿债务计划等承诺或者行为的，应当认定为《民法通则》第一百四十条规定的当事人一方"同意履行义务"。

《中华人民共和国民法通则》第一百四十条规定：诉讼时效因提起诉讼、当事人一方提出要求或者同意履行义务而中断。从中断时起，诉讼时效期间重新计算。

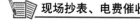 案例分析

（1）根据《电费还款保证协议》，第二被告投资公司提供保证的是第一被告化工公司出具的《还款计划书》，第二被告投资公司是为整个计划提供连带保证责任。而《还款计划书》明确表明"2004年8月8日之后的违约金另行计算"，因此本案的保证范围显然包括2004年8月8日之后的违约金。被告辩称该保证协议没有约定必须承担逾期付款利息的担保责任的抗辩理由不成立。

（2）《电费还款保证协议》中"保证人的连带责任由保证人在债权人所拥有的股东权益及保证人其他可兑现的资产进行兑现"的约定明确指明保证人实现保证责任的财产有股东权益及保证人其他可兑现的资产，是说明其有能力提供保证，而不是仅仅"股东权利"提供"质押"意义上的担保方式。且该合同载明"保证人愿意对债务人的上述还款计划提供连带责任保证"。被告辩称该合同实际上是一份"股份权利质押合同"，系对该条款的曲解，其抗辩理由不能成立。

防范措施

（1）签订保证合同时，明确担保的方式和性质，以免引起歧义。本案《电费还款保证协议》中"保证人的连带责任由保证人在债权人所拥有的股东权益及保证人其他可兑现的资产进行兑现"的约定极容易误导为"股份质押合同"。

（2）签订保证合同时，明确保证范围。"为整个还款计划提供保证"不如明确为"为电费和电费违约金提供保证"。这样连带责任也自然及于电费违约金。

（3）把握诉讼时效，争取在诉讼时效到期前及时提起诉讼。本案诉讼时效的把握非常关键。用电户2002年新装用电后，先后在

2004年、2005年出具《还款协议书》、《新还款计划书》，符合规定中的"同意履行义务"，根据《中华人民共和国民法通则》，诉讼时效重新计算，到2006年提起诉讼不满两年，在诉讼时效到期内。供电公司及时对债务人和保证人提起诉讼，挽回了经济损失，避免了国有资产的流失。

案例4-8 交接不清引争议，诉讼时效多角度。

1995年6月，北京某房地产公司开发了北京马家堡东里1号楼。2000年11月，房屋建成后，盖楼的单元分别委托给金瑞物业和华野物业进行物业管理。

2005年1月28日，该房地产公司与北京市电力公司签订了《高压供用电合同》，为马家堡东里1号楼的1门和2门正式供电。其中，1门由房地产公司于2007年11月全部销售完毕，2门由市政总公司销售给其职工。房地产公司在建设房屋时为1门和2门业主安装了分户卡式电能表，为1门和2门公用部分用电安装了分表。

2005年1月至2007年2月，该小区物业一直正常交纳电费。但从2007年3月起，该小区开始拖欠电费，电力公司向供用电合同相关人房地产公司发出催费通知。房地产公司垫付了部分电费，但未交清。随后，该公司拒绝交纳剩余的电费。

房地产公司认为，自己所开发的楼盘已经售完，已经完成房屋开发的义务，并且也委托给了物业公司。自己不是实际的用电主体，也不是物业管理人，不应该再继续承担电费。于是，房地产公司拒绝向供电公司支付电费。并且，在2009年9月，房地产公司将两家物业管理公司起诉，并将北京市电力公司作为案件的第三人。开发商和物业公司相互推诿，这笔电费就这样拖欠将近三年。

与供电公司签订供用电合同的是房地产公司，而房地产公司开发的楼盘已经售完，也就是说产权已经发生转移，并委托给物业公司进行管理。那么，供用电的权利义务关系如何转移？开发商、住户和物业公司，究竟该由谁来支付供电公司被拖欠的电费呢？

▓ 相关规定

《中华人民共和国民法通则》第一百三十七条规定：诉讼时效期间从知道或者应当知道权利被侵害时起计算。

《中华人民共和国民法通则》第一百四十条规定：诉讼时效因提起诉讼、当事人一方提出要求或者同意履行义务而中断。从中断时起，诉讼时效期间重新计算。

《规定》有关条款：

第五条规定："当事人约定同一债务分期履行的，诉讼时效期间从最后一期履行期限届满之日起计算。"

第十一条规定："权利人对同一债权中的部分债权主张权利，诉讼时效中断的效力及于剩余债权，但权利人明确表示放弃剩余债权的情形除外。"

第十六条规定："义务人作出分期履行、部分履行、提供担保、请求延期履行、制定清偿债务计划等承诺或者行为的，应当认定为民法通则第一百四十条规定的当事人一方'同意履行义务'。"

▓ 案例分析

首先，地产开发时，开发商都要签订《高压供用电合同》。但是当房屋建好，在居民预售电卡式电能表安装后，《高压供用电合同》自然分解成两个部分：领到电卡的居民和供电公司形成事实上的低压供电合同关系，这种关系是以电卡为凭证的；而诸如电梯、小区内照明等公用部分的用电，仍然按照开发商与供电公司之前签订的《高压供用电合同》履行。其实，这已经是一个新的《高压供用电合同》，这个新合同的主体通常还是房地产开发商。

新《高压供用电合同》主体是否永远是开发商？不是的。这要取决于开发商是否已经全部完成了开发责任。所谓完成开发责任，是指所建房屋达到了"预定可使用状态"。就供电这方面来讲，就是：①开发商已经建设了永久用电工程；②受电设施产权清晰；③经过供电公司的认可。在这种情况下，开发商就可以解除原有的《高压供用电合同》，合同主体自然变更为全体业主大会。从本案后来的发展可知，房地产公司并没有完成争议小区的开发责任。

房地产公司提出自己不是实际用电人，意在表明，电费是两家物业公司拖欠的，与房地产公司无关。这一提法，也因为其没有完成开发责任而不能成立。

其次，关于诉讼时效的问题，我国《中华人民共和国民法通则》规定，向法院请求保护民事权利的诉讼时效是2年。根据这一规定，北京市电力公司在2010年1月份提出对于房地产公司2007年电费债权的诉讼请求，似乎真的是超过了诉讼时效。

但是电费债权是持续的债权，根据《规定》第五条，电费债权的诉讼时效可从最后一次应当交纳电费的期限起算。因此，被告的"关于2007年的电费诉讼请求，已经超过了诉讼时效"这一抗辩理由不能成立。

防范措施

（1）供电公司应要求房产开发商完成全部开发责任，包括：①开发商已经建设了永久用电工程；②受电设施产权清晰；③经过供电公司的认可；然后再过户给全体业主大会，避免因受电设施产权不清、管理界不明而引起争议。

（2）要求房产开发商督促购房户（含物业公司）及时办理过户手续。目前某供电公司提出"集中装表，分户接电"，即实名制申请装表接电，在新小区交付前，由房产公司统一开户办理用电申请手续，供电部门完成受电设备验收（确认受电设施产权清晰）后，并集中装表与采集系统建设后，利用采集系统远程控制功能对小区所有电能表实施停电。待某一客户（或物业公司）办理实名制开户用电手续后，再逐一恢复供电，有效规避了用电产权不清、购房户不办理过户等后续电费隐患。

（3）注意诉讼时效的问题。①根据《规定》第五条，电费的诉讼时效可从最后一期履行期限届满之日起计算；②根据《中华人民共和法民法通则》第一百四十条，可以从供电公司提起诉讼，或最后一次电费有关通知单的送达时间起算（注意一定是有法律效力的"送达"）；③根据《规定》第十六条，也可以从用电户最后一次交电费、提供担保、制订还款计划、请求延期交费协议等时间起算；④根据《中华人民共和国民法通则》第一百三十七条，可以从知道或者应当知道电费债权被侵害时起计算。可见电费债权的诉讼时效可以从多个角度进行抗辩，但前提是能提供有关证据。因此，供电公司在人民法院应根据实际情况，从有利于保障自身权利的角度出发，对电费的诉讼时效进行有效抗辩。

尽管如此，供电公司仍应时刻关注诉讼时效这一问题，尤其针对长期欠费大户，更应及时申诉债权，避免因超出诉讼时效而无力追回欠费。

三、抵押

抵押，是指债务人或者第三人向债权人以不转移占有的方式提供一定的财产作为抵押物，用以担保债务履行的担保方式。债务人不履行债务时，债权人有权依照法律规定以抵押物折价或者从变卖抵押物的价款中优先受偿。其中的债务人或者第三人是抵押人，债权人是抵押权人，提供担保的财产是抵押物。三者之间的关系如图4-3所示。

最高额抵押，是指抵押人与抵押权人协议，在最高债权额限度内，以抵押物对一定期间内连续发生的债权作担保的抵押方式。借款合同可以附最高额抵押合同。债权人与债务人就某项商品在一定期间内连续发生交易而签订的合同，也可以附最高额抵押合同。

最高额抵押权设立前已经存在的债权，经当事人同意，可以转入最高额抵押担保的债权范围。

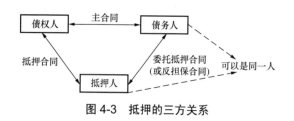

图4-3　抵押的三方关系

1. 抵押物的范围

抵押物必须是法律规定可以用作抵押的物，根据《中华人民共和国物权法》第一百八十条：债务人或者第三人有权处分的下列财产可以抵押：

（1）建筑物和其他土地附着物；

（2）建设用地使用权；

（3）以招标、拍卖、公开协商等方式取得的荒地等土地承包经营权；

（4）生产设备、原材料、半成品、产品；

（5）正在建造的建筑物、船舶、航空器；

（6）交通运输工具；

（7）法律、行政法规未禁止抵押的其他财产。

抵押人可以将前款所列财产一并抵押。

《解释》第五十二条规定："当事人以农作物和与其尚未分离的土地使用权同时抵押的，土地使用权部分的抵押无效。"

《中华人民共和国物权法》第一百八十二条规定："以建筑物抵押的，该建筑物占用范围内的建设用地使用权一并抵押。以建设用地使用权抵押的，该土地上的建筑物一并抵押。抵押人未依照前款规定一并抵押的，未抵押的财产视为一并抵押。"《中华人民共和国物权法》第二百条规定"建设用地使用权抵押后，该土地上新增的建筑物不属于抵押财产。"

《中华人民共和国物权法》第一百八十四条规定：下列财产不得抵押：

（1）土地所有权；

（2）耕地、宅基地、自留地、自留山等集体所有的土地使用权，但法律规定可以抵押的除外；

（3）学校、幼儿园、医院等以公益为目的的事业单位、社会团体的教育设施、医疗卫生设施和其他社会公益设施；

（4）所有权、使用权不明或者有争议的财产；

（5）依法被查封、扣押、监管的财产；

（6）法律、行政法规规定不得抵押的其他财产。

另外，《解释》第四十八条规定："以法定程序确认为违法、违章的建筑物抵押的，抵押无效。"

 案例4-9　土地使用权抵押，谨防地上农作物。

　　某食品厂由于受市场营销，产品严重滞销，经营严重恶化，导致欠供电公司电费达100余万元（含违约金），若不及时采取措施，如该厂破产倒闭，供电公司将造成巨额损失。该供电公司依据《中华人民共和国合同法》、《中华人民共和国担保法》规定，及时要求食品厂提供担保，经与该厂协商，该厂自愿将其厂区内一块面积达1900m²的无地上定着物的土地使用权对所欠电费及将要发生的电费进行抵押担保，双方签订了《电费交纳合同》及《抵押合同》，并在市土地行政管理部门办理了抵押物登记手续，使电费抵押担保合法生效。

　　▷相关规定

　　《解释》第五十二条规定：当事人以农作物和与其尚未分离的土地使用权同时抵押的，土地使用权部分的抵押无效。

　　《中华人民共和国物权法》第一百八十二条规定：以建筑物抵押的，该建筑物占用范围内的建设用地使用权一并抵押。以建设用地使用权抵押的，该土地上的建筑物一并抵押。抵押人未依照前款规定一并抵押的，未抵押的财产视为一并抵押。

　　《中华人民共和国物权法》第二百条规定：建设用地使用权抵押后，该土地上新增的建筑物不属于抵押财产。

　　《中华人民共和国物权法》第一百八十条规定：债务人或者第三人有权处分的下列财产可以抵押：

　　（一）建筑物和其他土地附着物；

　　（二）建设用地使用权；

　　（三）以招标、拍卖、公开协商等方式取得的荒地等土地承包经营权；

　　（四）生产设备、原材料、半成品、产品；

　　（五）正在建造的建筑物、船舶、航空器；

　　（六）交通动输工具；

（七）法律、行政法规未禁止抵押的其他财产。

抵押人可以将前款所列财产一并抵押。

《中华人民共和国物权法》第一百八十四条规定：下列财产不得抵押：

（一）土地所有权；

（二）耕地、宅基地、自留地、自留山等集体所有的土地使用权，但法律规定可以抵押的除外；

（三）学校、幼儿园、医院等以公益为目的的事业单位、社会团体的教育设施、医疗卫生设施和其他社会公益设施；

（四）所有权、使用权不明或者有争议的财产；

（五）依法被查封、扣押、监管的财产；

（六）法律、行政法规规定不得抵押的其他财产。

▶ 案例分析

选用抵押担保的方式，供电公司既要合理选择抵押物，又要及时办理抵押物登记手续，还要经常检查抵押物的状况。

本案例中抵押物为无地上定着物的土地使用权。若有地上定着物：

（1）若有农作物，则此时实际抵押的只有农作物，不包括土地使用权部分；

（2）若有建筑物，则视为一并抵押；若抵押当时并无建筑物，为后期新增建筑物，则新增建筑物不属于抵押财产，该建设用地使用权实现抵押权时，应当将该土地上新增的建筑物与建设用地使用权一并处分，但新增建筑物所得的价款，抵押权人无权优先受偿。

▶ 防范措施

本案例中抵押物为企业的土地使用权，若为农民"集体所有的土地使用权"，按《中华人民共和国物权法》第一百八十四条规定是禁止抵押的，即物权法只确定了农民的物权，而没有把处分权交给农民。目前针对这一问题，第十一届人大财经委副主任委员贺铿在"2014年第九届中国全面小康论坛"上表示，发展城市化和农业现代化当务之急是尽快修改物权法，让农民拥有土地处置权，加快土地流转。

但根据《中华人民共和国物权法》第一百八十条规定，农民"土地承包经营权"是可以抵押的，如将土地经营权抵押贷款等。2014年12月甘肃省陇西县农村土地承包经营权流转交易市场试点投入使用，鼓励农民将土地承包经营权抵押贷款，或向农业大户流转，发展多种形式规模经营。

2. 抵押合同的内容

（1）被担保的主债权的种类和数额。

（2）债务人履行债务的期限。

（3）抵押物的名称、数量、质量、状况、所在地、所有权权属或使用权权属。根据《解释》第五十六条规定："抵押合同对被担保的主债权种类、抵押财产没有约定或约定不明，且根据主合同和抵押合同不能补正或无法推定的，抵押不成立。"所以，在抵押合同中，应就此条款和第一条款作出明确具体的约定。

（4）抵押担保的范围。抵押权所担保的范围包括原债权及利息、抵押权实现费用、违约金、损害赔偿金。对于抵押担保的范围，合同中可以有特别约定。

（5）当事人认为需要约定的其他事项。抵押合同不完全具备上述内容时，当事人可以补正。

3. 抵押合同签订和抵押权

（1）抵押人和抵押权人应当以书面形式订立抵押合同。

（2）一般情况下，抵押合同自双方当事人签订之日起生效。

（3）抵押权的设立。

1）法律规定需要办理抵押物登记的抵押合同，应当办理登记，抵押权自登记时设立。

《中华人民共和国物权法》第一百八十七条规定："以本法第一百八十条第一款第一项至第三项规定的财产或者第五项规定的正在建造的建筑物抵押的，应当办理抵押登记。抵押权自登记时设立。"

2）当事人以其他财产抵押的，可以自愿办理抵押物登记，抵押权自抵押合同生效时设立，但未经登记，不得对抗善意第三人。

《中华人民共和国物权法》第一百八十八条规定："以本法第一百八十条第一款第四项、第六项规定的财产或者第五项规定的正在建造的船舶、航空器抵押的，抵押权自抵押合同生效时设立；未经登记，不得对抗善意第三人。"

（4）抵押登记。

根据《中华人民共和国担保法》第四十二条规定，办理抵押物登记的部门如下：

1）以无地上定着物的土地使用权抵押的，为核发土地使用权证书的土地管理部门。

2）以城市房地产或者乡（镇）、村企业的厂房等建筑物抵押的，为县级以上地方人民政府规定的部门。

3）以林木抵押的，为县级以上林木主管部门。

4）以航空器、船舶、车辆抵押的，为运输工具的登记部门。

5）以企业的设备和其他动产抵押的，为财产所在地的工商行政管理部门。

（5）抵押债权的清偿顺序。

《中华人民共和国物权法》第一百九十九条规定："同一财产向两个以上债权人抵押的，拍卖、变卖抵押财产所得的价款依照下列规定清偿：

1）抵押权已登记的，按照登记的先后顺序清偿；顺序相同的，按照债权比例清偿；

2）抵押权已登记的先于未登记的受偿；

3）抵押权未登记的，按照债权比例清偿。"

案例4-10　办抵押须登记，抵押不登无用益，登记须防已登记。

某电子厂受市场萎靡影响，经营日益恶化，导致欠供电公司电费9万元。供电公司要求用电户提供担保，最终确定以客户变压器、开关等设备抵押的形式，与用电客户签订《电费抵押担保合同》，对该笔欠费进行担保。但未办理抵押物的登记。试问一旦客户发生资不抵债、宣布破产等情形，供电公司能否优先受偿？

▓▓ 相关规定

《中华人民共和国物权法》第一百八十八条规定：以本法第一百八十条第一款第四项、第六项规定的财产或者第五项规定的正在建造的船舶、航空器抵押的，抵押权自抵押合同生效时设立；未经登记，不得对抗善意第三人。

《中华人民共和国物权法》第一百九十九条规定：同一财产向两个以上债权人抵押的，拍卖、变卖抵押财产所得的价款依照下列规定清偿：

（1）抵押权已登记的，按照登记的先后顺序清偿；顺序相同的，按照债权比例清偿；

（2）抵押权已登记的先于未登记的受偿；

（3）抵押权未登记的，按照债权比例清偿。

▓▓ 案例分析

本案例中变压器、开关属于客户的生产设备，按规定可以不办理抵押物的登记，但不得对抗善意第三人。也就是说，抵押合同生效只能约束合同双方和事先知情的第三人（非善意第三人），而不能约束事先不知情的第三人（善意第三人）。第三人在与用电户交易前，知道用电户与供电公司的抵押合同，就应承受抵押合同带来的风险；而不知道用电户与供电公司的抵押合同，就不应承受抵押合同带来的风险。而抵押合同在法定部门登记后，第三人就应当知道，不再存在善意第三人。

本案例中，只要第三人，如讨债的供应商等，坚称自己不知道用电户与供电公司的抵押合同，而供电公司又无明确证据，则供应商属于善意第三人，此时第三人供应商不受抵押合同的约束，供电公司也就没有优先受偿权。即供电公司并未因《电费抵押担保合同》而获得债权的优先受偿权，与其他一般债权人一样。

如果供电公司到相关部门办理了抵押物的登记，而第三人，如用电户贷款的银行等，同样以同一财产办理了抵押物的登记手续，按规定签订了《电费抵押担保合同》，此时客户宣布破产后，应按"抵押权已登记的，按照登记的先后顺序清偿；顺序相同的，按照债权比例清偿。"因此，办理抵押物的登记时，应核实该抵押物是否已经存在抵押登记的记录。

而如果供电公司到相关部门办理了抵押物的登记，第三人未办理的，"抵押权已登记的先于未登记的受偿。"

　防范措施

（1）为了实现债权的优先受偿，供电公司签订《电费抵押担保合同》时，一定要到相关部门办理抵押物的登记手续。

（2）办理抵押物的登记手续时，应核实是否存在重复抵押的情况。

4．抵押权的实现

（1）债务人不履行到期债务的，可协议拍卖、变卖抵押财产。协议不成的，向人民法院提起诉讼。

《中华人民共和国物权法》第一百九十五条规定："债务人不履行到期债务或者发生当事人约定的实现抵押权的情形，抵押权人可以与抵押人协议以抵押财产折价或者以拍卖、变卖该抵押财产所得的价款优先受偿。""抵押权人与抵押人未就抵押权实现方式达成协议的，抵押权人可以请求人民法院拍卖、变卖抵押财产。"

（2）应在主债权诉讼时效内行使抵押权，即抵押权应在电费的诉讼时效期间内行使。

《中华人民共和国物权法》第二百零二条规定："抵押权人应当在主债权诉讼时效期间行使抵押权；未行使的，人民法院不予保护。"

5．电费抵押担保合同的注意事项

（1）要合理选择抵押物。

1）只有规定允许抵押的财产或财产权利方可作为抵押物，要防止因抵押物选择不当而导致抵押合同无效的情况发生。

2）抵押物的价值应经过科学评估，其价值应大于抵押担保期间所可能发生的最大电费额。《中华人民共和国担保法》第三十五条规定："抵押人所担保的债权不得超出其抵押物的价值。"

3）抵押物应具有便于受偿性，当发生欠费时，易于拍卖或变卖。

4）调查了解抵押物是否有重复抵押的情况，确保抵押权能够实现。

（2）严格依法订立完善的书面抵押合同。

（3）及时办理抵押物登记手续。

1）对于法律规定必须办理抵押物登记手续的，应及时到有关部门办理抵押物登记。不同抵押物的登记办法应依照《中华人民共和国担保法》及其《解释》、国家工商行政管理局发布的《企业动产抵押物登记管理办法》、公安部发布的《中华人民共和国机动车登记办法》等有关法律、法规和规章办理。

2）对于法律不要求必须办理抵押物登记的，最好也要办理登记，以取得对抗第三人的效力。

（4）有注意经常检查抵押物的状况。

1）若抵押物有可能价值减少或灭失，应及时要求客户对抵押物投保并承担保险费用。

2）因抵押人的行为足以使抵押物价值减少的，供电公司应及时要求其停止此种行为、恢复抵押物的价值或提供与减少的价值相当的担保。根据《解释》第七十条规定，在这些要求遭到拒绝时，供电公司可请求客户履行债务，也可以请求提前行使抵押权。

（5）要注意避免流押，即在抵押合同中不得约定在供电公司电费债权未受清偿时，抵押物的所有权就转归供电公司；否则，该约定本身无效。

案例4-11　超额抵押何弊端，超额部分不得偿。

某电子厂受市场萎靡影响，经营日益恶化，导致欠供电公司电费9万元。供电公司要求用电户提供担保，最终确定以客户变压器、开关等设备抵押的形式，与用电客户签订《电费抵押担保合同》，对该笔欠费进行担保，并到相关部门办理了抵押物的登记手续。《电费抵押担保合同》中约定的被担保的主债权数额为9万，但实际变压器价值只有5万多，这样做是否合法？存在哪些法律风险？

相关规定

《中华人民共和国担保法》第三十五条规定：抵押人所担保的债权不得超出其抵押物的价值。

▷**案例分析**

本案例中，抵押物变压器的价值只有5万，但被担保的债权却为9万，远远超出抵押财产的实际价值。根据上述规定，这样做是不合法的。

如果这样做，假设客户资不抵债，甚至宣布破产，此时与客户协议变卖抵押财产，即使客户同意，也最多能拍卖到5万，即实际只有5万的债权是优先受偿的，剩下4万实际并未获得优先受偿权，与其他普通债权一样，只能通过其他方式追偿。

▷**防范措施**

《电费抵押担保合同》中约定的被担保的主债权的数额，不得超出抵押物的实际价值。抵押物的实际价值可通过以下方式得到：

（1）到社会上的专业评估部门做资产评估，但应与用电户事先协商评估费的支付问题。

（2）根据变压器、开关等设备的购买发票的金额、使用年限，计算其折旧率，粗略确定其价值。如变压器购买发票价格5万，现已使用2年，使用年限10年，折旧20％后为4万，因此可协商确定被担保的主债权的数额为4万。

如果实际价值低于抵押担保期间所可能发生的最大电费额，可以要求用电户增加其他财产作为抵押物。

案例4-12　利用不安抗辩权，证据搜集须谨记，合同约定更有力。

某造船厂用电户，由3台1500kVA变压器供电，每月电费10万元左右，交费方式为银行托收。近期11月取消托收，电费以支票结清。12月电费10万元迟迟未交，多次电话催费未果后，12月25日抄表催费员直接持POS机到用电现场催费，督促客户以银行卡、信用卡刷卡或现金交费，但客户以没有现金为由拒绝交费。后了解客户暂停生产，建议客户销户，但客户不肯，最后只暂停了2台变压器。又了解到该客户在某银行贷款30万元，目前贷款到期，银行贷款抵押的厂房准备拍卖……

于是供电公司立即采取措施，通知该厂缴清电费，并同时告知用电户由于其经济状况严重恶化，必须提供电费担保，否则供电公司可依据不安抗辩权，对该客户中止供电。

▷相关规定

《中华人民共和国合同法》第六十八条规定：先履行债务的当事人，有确切证据证明对方有下列情况之一的，可以中止履行：①经营状况严重恶化；②转移财产、抽逃资金以逃避债务；③丧失商业信誉；④有丧失或者可能丧失履行债务能力的其他情形。当事人没有确切证据中止履行的，应当承担违约责任。

▷案例分析

这是一个典型的濒临破产的用电户，从取消托收到支票交费，从没有现金到银行贷款到期未还，甚至厂房拍卖……种种迹象表明，该客户已经濒临破产，如不采取措施，供电公司将蒙受10万元甚至更多的经济损失。

首先，供电公司依据不安抗辩权，要求客户结清欠费，并提供电费担保。否则可中止供电。

其次，由于此时客户经营状况恶化，电费担保采用第三方保证、存款单质押都不太现实，可采用变压器、开关柜等财产抵押等方式。

再次，时刻关注银行抵押财产厂房的拍卖情况，要求客户签订协议约定厂房拍卖金额，除银行贷款部分，在普通债权清偿时，必须优先清偿电费债权。

当然如果客户拒绝提供电费担保，并向人们法院提起诉讼，那么供电公司必须有足够的证据，证明用电客户至少存在上述一种现状，供电公司依法拥有不安抗辩权。依据上述规定，可提供：①供用电合同一份；②电费发票存根，证明用电户多次未按期交纳电费，履约能力已明显降低；③从工商行政管理局复制的用电户企业法人营业执照年审材料，及财务会计报表等；④银行贷款到期未还，抵押财产拍卖还贷的有关证明材料等；⑤办理暂停用电，缩减生产规模等，证明该厂经营状况严重恶化。

▷防范措施

（1）应时刻关注重要用电客户的经营状况，对于一些经营状况恶化、交费信用等级差的客户，应时刻注意搜集用电户经营状况、银行贷款等信息，并做好取证工作，如媒体报道、政府公告等。以为不安抗辩权做好取证工作。

（2）利用欠费停电等机会，要求客户提供变压器财产抵押等电费担保，否则可不予恢复供电。及时做好电费风险防范措施。

（3）为了提高电费担保的覆盖率，可在签订《供用电合同》时约定补充条款："如果客户发生拖欠电费事宜，应在补缴电费、恢复供电前，向供电公司提供适当担保；不提供担保或采取其他措施的，供电公司可依据不安抗辩权，不予恢复供电。"这样只要客户欠费停电后，即可依据《供用电合同》有关规定，要求客户提供担保。

案例4-13 用电客户未欠费，抵押登记办不得，最高额来解决。

上述案例中，供电公司通知该厂缴清电费，并提供电费担保，否则供电公司可依据不安抗辩权，对该客户中止供电。假设用电户收到通知后，及时结清了欠费，并同意以变压器、开关柜等财产抵押的形式提供电费担保，供电公司也按规定签订了《电费抵押担保合同》，但到财产所在地的工商行政管理部门办理抵押物登记时，工商行政管理部门以无欠费债权为由不予办理抵押登记，那么是否只有欠费状态下才能办理电费担保？无欠费时就不能办理？

相关规定

《中华人民共和国担保法》第五十九条规定：最高额抵押，是指抵押人与抵押权人协议，在最高债权额限度内，以抵押物对一定期间内连续发生的债权作担保的抵押方式。

《中华人民共和国担保法》第六十条规定：借款合同可以附最高额抵押合同。债权人与债务人就某项商品在一定期间内连续发生交易而签订的合同，可以附最高额抵押合同。

《中华人民共和国物权法》第二百零三条规定：最高额抵押权设立前已经存在的债权，经当事人同意，可以转入最高额抵押担保的债权范围。

案例分析

本案例中，虽然用电户结清电费后，目前不存在电费债务，不

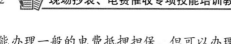

能办理一般的电费抵押担保，但可以办理最高额电费抵押，即"抵押人与抵押权人协议，在最高债权额限度内，以抵押物对一定期间内连续发生的债权作担保的抵押方式"，如用电户与供电公司协议，以变压器设备等抵押物对一年内连续发生的最高不超过10万元的电费债权进行担保。

这也符合了《中华人民共和国担保法》有关最高额抵押的适用范围的规定，即"债权人与债务人就某项商品在一定期间内连续发生交易而签订的合同，也可以附最高额抵押合同"。

在办理抵押登记时，一定要向登记部门说明，此为最高额抵押，即对某一段时间内连续交易可能产生的最高电费债权进行担保。

防范措施

对欠费已结清的用电户，可以办理最高额抵押担保，即对一段时间内连续交易可能产生的电费债权进行担保。

对欠费未结清的用电户，可以要求只针对欠费部分债权提供电费担保；也可以要求转入最高额抵押担保，对欠费部分和即将产生的电费债权一并进行担保。

以上规定同样适用于保证、质押等担保方式。

四、质押

质押，分动产质押和权利质押两种。

1．动产质押

动产质押：为担保债务的履行，债务人或者第三人将其动产出质给债权人占有的（转移占有），债务人不履行到期债务或者发生当事人约定的实现质权的情形，债权人有权就该动产优先受偿。债务人或者第三人为出质人，债权人为质权人，交付的动产为质押财产。

《中华人民共和国物权法》第二百一十二条规定："质权自出质人交付质押财产时设立。"

2．动产质押权的实现

（1）动产质押权的实现与抵押权的实现类似。

《中华人民共和国物权法》第二百一十九条规定："债务人不

履行到期债务或者发生当事人约定的实现质权的情形，质权人可以与出质人协议以质押财产折价，也可以就拍卖、变卖质押财产所得的价款优先受偿。"

（2）由于动产质押采用转移占用的方式，因此对债权人而言，动产质押权的实现比抵押权更有主动性。

《中华人民共和国物权法》第二百二十条规定："出质人可以请求质权人在债务履行期届满后及时行使质权；质权人不行使的，出质人可以请求人民法院拍卖、变卖质押财产。出质人请求质权人及时行使质权，因质权人怠于行使权利造成损害的，由质权人承担赔偿责任。"

3．动产质押合同的内容

当事人应当采取书面形式订立质押合同。根据《中华人民共和国担保法》第六十五条规定，质押合同应当包括以下内容：

（1）被担保的主债权种类、数额。

（2）债务人履行债务的期限。

（3）质物的名称、数量、质量、状况。

（4）质权的担保范围。质权的担保范围包括主债权及利息、违约金、损害赔偿金、质物保管费用和实现质权的费用。质押合同另有约定的，按照约定。

（5）质物移交的时间。

（6）当事人认为需要约定的其他事项。

（7）质押合同不完全具备上述内容的，可以补正。

4．权利质押

债务人或者第三人有权处分的下列权利可以出质：汇票、支票、本票；债券、存款单；仓单、提单；可以转让的基金份额、股权；可以转让的注册商标专用权、专利权、著作权等知识产权中的财产权；应收账款；法律、行政法规规定可以出质的其他财产权利。

（1）以汇票、支票、本票、债券、存款单、仓单、提单出质的，当事人应当订立书面合同。质权自权利凭证交付质权人时设立；没有权利凭证的，质权自有关部门办理出质登记时设立。

根据《解释》的有关规定，一是以汇票、支票、本票及公司债券出质的，如果出质人与质权人没有背书记载"质押"字样，则质权人不得以其质权对抗公司和善意第三人。二是以上述七种权利出质的，质权人再转让或质押的无效。三是以载明兑现或提货日期的汇票、本票、支票、债券、存款单、仓单、提单出质的，其兑现或提货日期先于债务履行期的，质权人可以在债务履行期届满前兑现或者提货，并与出质人将兑现的价款或提取的货物用于提前清偿所担保的债权或向与出质人约定的第三人提存。

　　（2）以基金份额、股权出质的，当事人应当订立书面合同。以基金份额、证券登记结算机构登记的股权出质的，质权自证券登记结算机构办理出质登记时设立；以其他股权出质的，质权自工商行政管理部门办理出质登记时设立。

　　基金份额、股权出质后，不得转让，但经出质人与质权人协商同意的除外。出质人转让基金份额、股权所得的价款，应当向质权人提前清偿债务或者提存。以有限责任公司的股票出质的，适用公司法股份转让的有关规定。质押合同自股份出质记载于股东名册之日起生效。

　　（3）以注册商标专用权、专利权、著作权等知识产权中的财产权出质的，当事人应当订立书面合同。质权自有关主管部门办理出质登记时设立。

　　知识产权中的财产权出质后，出质人不得转让或者许可他人使用，但经出质人与质权人协商同意的除外。出质人转让或者许可他人使用出质的知识产权中的财产权所得的价款，应当向质权人提前清偿债务或者提存。

　　（4）以应收账款出质的，当事人应当订立书面合同。质权自信贷征信机构办理出质登记时设立。

　　应收账款出质后，不得转让，但经出质人与质权人协商同意的除外。出质人转让应收账款所得的价款，应当向质权人提前清偿债务或者提存。

　　权利质押除适用本节规定外，也适用动产质押的规定。

5．电费担保合同中适用质押担保的内容及注意事项

（1）应依法签订完善的书面质押合同。

（2）要合理选择质物：

一是在动产质押场合，应选择那些没有瑕疵、价值较稳定、不易损坏的质物。根据《解释》第九十条规定："质权人在质物移交时明知质物有瑕疵而予以接受造成质权人其他财产损失的，由质权人自己承担责任。"

二是质物有损坏或价值明显减少的，可能足以危害质权人权利的，应要求出质人提供相应担保。

（3）质物应按约定时间交付供电公司占有。否则，可能对质权人造成损失。未移交质物的，质权不成立。

《解释》第八十七条规定："出质人代质权人占有质物的，质押合同不生效；质权人将质物返还给出质人后，以其质权对抗第三人的，人民法院不予支持。"

《解释》第八十六规定："债务人或者第三人未按质押合同约定的时间移交质物的，因此给质权人造成损失的，出质人应当根据其过错承担赔偿责任。"

（4）供电公司应履行对质物的妥善保管义务。否则，因此给出质人造成损失的，应承担民事责任。

《中华人民共和国物权法》第二百一十五条规定："质权人负有妥善保管质押财产的义务；因保管不善致使质押财产毁损、灭失的，应当承担赔偿责任。"

（5）避免流质的约定，即不能在质押合同中约定，当客户未按时交纳电费时，质物所有权即转归供电公司。否则，该约定无效。

案例4-14 存单质押方式多，合同约定即有效。

某供电公司针对一些屡次欠费、交费信用度差的用电户，及时采取风险预控措施，要求提供电费存款单质押担保。用电户在银行存入一定数额的专项款作为电费担保，该存单移交供电公司，并由客户、供电方、银行方签订三方协议《电费存款单质押协议》，

协议内容包括：①各方收取和支取电费存款的权利和义务，以及存款单的保管、挂失、兑现等事项约定。②交纳电费存款的客户在发生电费欠费时，供电公司持相关凭证（欠费凭证、存款单）会同欠费客户，向银行索取存款作为支付相应欠费和电费违约金的款项。③该款项支付欠款后，客户务必在一定期限内（如约定交费截止日后十天内）到银行存足金额，否则供电公司有权予以停电。④当客户拆表销户需终止电费担保时，在结清全部电费、办理终止电费担保手续后，客户持销户凭证可到银行取回其专项存款。

▓▓▶ 相关规定

《中华人民共和国物权法》第二百二十三条规定：债务人或者第三人有权处分的下列权利可以出质：

（一）汇票、支票、本票；

（二）债券、存款单；

（三）仓单、提单；

（四）可以转让的基金份额、股权；

（五）可以转让的注册商标专用权、专利权、著作权等知识产权中的财产权；

（六）应收账款；

（七）法律、行政法规规定可以出质的其他财产权利。

《中华人民共和国物权法》第二百二十四条规定：以汇票、支票、本票、债券、存款单、仓单、提单出质的，当事人应当订立书面合同。质权自权利凭证交付质权人时设立；没有权利凭证的，质权自有关部门办理出质登记时设立。

《中华人民共和国合同法》第三条规定：合同当事人的法律地位平等，一方不得将自己的意志强加给另一方。

第四条规定：当事人依法享有自愿订立合同的权利，任何单位和个人不得非法干预。

第八条规定：依法成立的合同，对当事人具有法律约束力。当事人应当按照约定履行自己的义务，不得擅自变更或者解除合同。依法成立的合同，受法律保护。

▶ **案例分析**

本案例中，以存款单作为权利凭证移交质权人，质权自存款单交付供电公司时设立。但需注意的是，此处的存款金额不等于电费保证金。为了避免混淆，建议采用"存款单质押的额度"、"质押担保的额度"等说法。

用电户存款单移交供电公司后，质权设立；同时签订《电费存款单质押协议》，约定质权的实现方式，需凭用电户欠费的相关凭证，会同客户到存款银行索取存款结清欠费；为保证权利质押持续进行，要求客户务必在一定期限内到银行存足金额，否则有权予以停电。根据合同约定即有效的原则，供电公司有权予以停电。这样就不必受制于逾期30天欠费停电对当月电费结零的影响了。

有些供电公司担心合同内容不合法，约定了的内容也不敢执行。根据《中华人民共和国合同法》有关规定，只要在双方平等、自愿的情况下签订的合同，都是"依法成立的合同，对当事人具有法律约束力"，因此合同约定即有效。

▶ **防范措施**

有些供电公司不移交存款单，只约定凭客户签字的欠费凭证，也有约定不需客户签字，只要凭《电费存款担保协议书》和客户欠费凭证，即可提取存款支付欠费。根据《中华人民共和国合同法》，只要客户签字同意，这些都是合法有效的。

案例4-15 银行保函非质押，担保有权反担保。

某供电公司针对一些屡次欠费、交费信用度差的用电户，及时采取风险预控措施，要求提供电费担保。如银行履约保函，即银行作为第三方对用电户的电费债权进行信用担保。由供电公司、银行方和用电户签订三方协议《银行履约保函》，约定用电户欠费后，供电公司可在一定期限内持欠费凭证和《银行履约保函》，到银行支取钱款结清欠费。担保期限是供电公司书面通知银行终止或履约后失效。同时银行方要求用电户存一笔钱到专用户头，提供反担保。

▓▓ 相关规定

《中华人民共和国担保法》第七条规定：任何单位和个人不得强令银行等金融机构或者企业为他人提供保证；

第四条规定：第三人为债务人向债权人提供担保时，可以要求债务人提供反担保。反担保适用本法担保的规定。

《解释》第八十五条规定：债务人或者第三人将其金钱以特户、封金、保证金等形式特定化后，移交债权人占有作为债权的担保，债务人不履行债务时，债权人可以以该金钱优先受偿。

▓▓ 案例分析

首先，银行保函是第三方信用担保，即第三方保证的担保方式。根据《中华人民共和国担保法》银行可以作为第三方保证人，但"不得强令银行等金融机构或者企业为他人提供保证"，只要是银行自愿作为保证人的，都是合法有效的。

其次，银行要求用电户以"封金"、"保证金"等形式提供反担保，这样是否合法有效呢？根据《中华人民共和国担保法》，保证人有权"要求债务人提供反担保"，因此是合法的。那么以"封金"、"保证金"等形式提供反担保，是哪一种担保形式？是否合法？

根据动产质押的有关规定，只有作为特定物的动产，才能作为质物。可见，金钱在一般情况下不得作为质物。但是如果当事人将作为种类物的金钱特定化，使之成为特定物，并约定不转移该金钱所有权，债务清偿时债权人应返还该金钱，则质权仍可以成立。该特定化的金钱即为质物。当前，我国司法实践中已经对金钱质权予以承认。

《解释》第八十五条规定："债务人或者第三人将其金钱以特户、封金、保证金等形式特定化后，移交债权人占有作为债权的担保，债务人不履行债务时，债权人可以以该金钱优先受偿。"其中"特户"即专用存款账户，是指存款人依据法律的规定，对其特定用途资金进行专项管理和使用而开立的银行结算账户。"封金"是指加以包封的金钱。"保证金"是旨在担保特定用途的支付而由债务人或第三人交付给债权人的一笔金钱。

因此，银行方要求用电户存一笔钱到专用户头，以"封金"、"保证金"等形式提供反担保，是合法有效的。

案例4-16 权利质押优先选，动产质押求其次。

某市供电公司与欠费大户——某铝业集团订立了债券、股权转让的质押担保合同2780余万元，经股东大会确认，直接抵交电费。

▶案例分析

保证、抵押的担保方式在实践中，既不方便实行，在客户发生欠费后，又不能迅速抵偿欠费。本案例选用债券、股权转让的权利质押方式，从而杜绝了动产质押担保方式存在的操作复杂，客户欠费后不能迅速补偿欠费的缺点。权利质押手续操作简便。客户欠费后可立即兑现存款单或汇票抵偿欠费，因此选用权利质押方式是一种比较理想的选择。

考虑到担保权的实现，对客户实行担保应优先选择权利质押方式，如股权质押、债券质押、存款单质押、汇票质押等；其次应考虑动产质押，由于"将其动产出质给债权人占有的（转移占有）"，相对于财产抵押，动产质押更容易实现担保权；最后再考虑其他担保方式，如财产抵押、第三方保证等。

案例4-17 银行承兑最高额，权利质押最常用。

某供电公司积极利用法律手段防范电费风险。2009年3月22日，该供电公司与某外地投资的轮胎帘线有限公司签订了《电费最高额质押合同》。该公司向供电公司提供了150万元的银行承兑汇票，作为该公司持续用电产生的尚未结清的最高不超过150万元的电费债务的担保。

▶相关规定

《中华人民共和国担保法》第七十七条规定：以载明兑现或者提货日期的汇票、支票、本票、债券、存款单、仓单、提单出质的，汇票、支票、本票、债券、存款单、仓单、提单兑现或者提货日期先于债务履行期的，质权人可以在债务履行期届满前兑现或者提货，并与出质人协议将兑现的价款或者提取的货物用于提前清偿所担保的债权或者向与出质人约定的第三人提存。

▶案例分析

为担保电费债务的履行，要求客户对某一定期间内将要连续发生的电费债务提供担保，客户不履行到期电费债务，供电公司（质权人）有权在最高债权额限度内就该担保财产优先受偿。

▶ 防范措施

注意承兑汇票到期时间。

案例4-18　口头合同不生效，质物移交才有效，质物选择应谨慎。

个体户张某从事面粉加工，拖欠上月电费3000元，供电公司下达电费催费通知后，张某到当地供电所请求不要给他停电，他愿意用家里刚买的价值8000元的摩托车作质押，到下个月一定按时足额交费并偿还全部欠费。但是由于其弟弟结婚需用摩托车，暂时不能移交，几天后送来。10天后，张某还没有送来，供电所追要摩托车，张某于次日将摩托车送到供电所。可是逾期数日，仍不见张某来交费，供电所遂给张某下达催费通知。张某次日来到供电所声称交费还债，但要验证一下摩托车，结果摩托车损坏。

▶ 相关规定

《中华人民共和国物权法》第二百一十条规定：设立质权，当事人应当采取书面形式订立质权合同。

《解释》第八十七条规定：出质人代质权人占有质物的，质押合同不生效；质权人将质物返还于出质人后，以其质权对抗第三人的，人民法院不予支持。

《解释》第八十六规定：债务人或者第三人未按质押合同约定的时间移交质物的，因此给质权人造成损失的，出质人应当根据其过错承担赔偿责任。

《中华人民共和国物权法》第二百一十五条规定：质权人负有妥善保管质押财产的义务；因保管不善致使质押财产毁损、灭失的，应当承担赔偿责任。

▶ 案例分析

首先，未按规定采用书面形式订立合同，质押合同应该签订书面合同，不是口头合同。像本案例这样，一个不成文的口头质押合同纠纷使得供电公司的停电催费通知成为一纸空文，在营销管理上太不严肃，太不严谨，容易造成负面效应，引发欠费瘟疫。

其次，质物未按约定时间交付供电公司占有，这样有可能对供电公司造成损失，如客户欠费逃逸等。

再次，供电公司应该选择合适的、没有瑕疵的抵押物，在接受抵押物时应该检查并封存，否则遇到本案例摩托车损毁的情形，应该给予赔偿。

▷ 防范措施

采用抵押、质押等担保手段时，一定严格按规定行事，否则会对企业造成负面影响，更不利于电费回收。

第二节　破产客户的电费追讨

根据《中华人民共和国企业破产法》第二条："企业法人不能清偿到期债务，并且资产不足以清偿全部债务或者明显缺乏清偿能力的，依照本法规定清理债务。"随着市场经济不断发展，用电户资不抵债的情况时有发生，当用电户濒临破产，或毫无征兆的情况下法院直接宣告用电户破产时，用电户破产适用哪些法律规定？破产债权清偿顺序如何？电费担保权如何实现？供电公司应办理那些手续？本节将依据《中华人民共和国企业破产法》、《中华人民共和国民事诉讼法》等法律规定一一展开阐述。

一、破产客户电费追讨的适用法律

由于破产案件的法律规定与适用尚未统一，国家对不同类型和不同地区的企业破产还债采取不同的法律规定和政策措施。

《中华人民共和国企业破产法》第二条规定："企业法人不能清偿到期债务，并且资产不足以清偿全部债务或者明显缺乏清偿能力的，依照本法规定清理债务。"因此《中华人民共和国企业破产法》适用于有法人资格的企业；《中华人民共和国企业破产法》第一百三十三条规定："在本法施行前国务院规定的期限和范围内的国有企业实施破产的特殊事宜，按照国务院有关规定办理"。因此列入国家优化资本结构试点城市的国有企业破产，仍适用于《关于在若干城市试行国有企业破产有关问题的通知》（以下简称《通知》）；而对于不具备法人资格的企业，属于民事法律关系范畴，则适用于《中华人民共和国民事诉讼法》。因此破产客户适用的法律规定总结如下：

（1）对列入国家优化资本结构试点城市的国有企业破产，适用国务院《通知》。

（2）其他所有的具有法人资格的企业破产适用《中华人民共和国企业破产法》。

（3）非法人企业破产与个体工商户、个人合伙等类型的市场主体，适用《中华人民共和国民事诉讼法》的一般规定。

二、破产债权的清偿顺序

1. 《中华人民共和国企业破产法》的规定

首先是享有担保权的债权。根据《中华人民共和国企业破产法》第一百零九条："对破产人的特定财产享有担保权的权利人，对该特定财产享有优先受偿的权利。"根据《中华人民共和国企业破产法》第一百一十条："享有本法第一百零九条规定权利的债权人行使优先受偿权利未能完全受偿的，其未受偿的债权作为普通债权；放弃优先受偿权利的，其债权作为普通债权。"因此"对破产人的特定财产享有担保权"的部分不属于普通债权，具有优先受偿权。

其次是破产费用和公益债务。

再次是破产人所欠职工的工资和医疗等。

然后是破产人欠缴的社会保险费用和税款。

最后是普通破产债权。

根据《中华人民共和国企业破产法》第一百一十三条："破产财产在优先清偿破产费用和共益债务后，依照下列顺序清偿：（一）破产人所欠职工的工资和医疗、伤残补助、抚恤费用，所欠的应当划入职工个人账户的基本养老保险、基本医疗保险费用，以及法律、行政法规规定应当支付给职工的补偿金；（二）破产人欠缴的除前项规定以外的社会保险费用和破产人所欠税款；（三）普通破产债权。破产财产不足以清偿同一顺序的清偿要求的，按照比例分配。破产企业的董事、监事和高级管理人员的工资按照该企业职工的平均工资计算。"

根据《中华人民共和国企业破产法》第四十一条："人民法院受理破产申请后发生的下列费用，为破产费用：（一）破产案件的诉讼费用；（二）管理、变价和分配债务人财产的费用；（三）管理人执行职务的费用、报酬和聘用工作人员的费用。"

根据《中华人民共和国企业破产法》第四十二条："人民法院受理破产申请后发生的下列债务，为共益债务：（一）因管理人或者债务人请求对方当事人履行双方均未履行完毕的合同所产生的债务；（二）债务人财产受无因管理所产生的债务；（三）因债务人不当得利所产生的债务；（四）为债务人继续营业而应支付的劳动报酬和社会保险费用以及由此产生的其他债务；（五）管理人或者相关人员执行职务致人损害所产生的债务；（六）债务人财产致人损害所产生的债务。"

由此可见，享有担保权的债权具有优先受偿权。但需注意的是，一定要及早采取担保措施，若在法院受理破产申请前一年内才采取措施的，法院有权予以撤销。根据《中华人民共和国企业破产法》第三十一条："人民法院受理破产申请前一年内，涉及债务人财产的下列行为，管理人有权请求人民法院予以撤销：（一）无偿转让财产的；（二）以明显不合理的价格进行交易的；（三）对没有财产担保的债务提供财产担保的；（四）对未到期的债务提前清偿的；（五）放弃债权的。"

案例4-19　破产清偿有先后，银行债权非优先，只因担保才得先。

为避免用电户破产导致的呆坏账，某供电公司对交费信用度差的用电户要求提供担保。但有些抄表催费员反映，实际上电费担保并无意义，原因是破产财产清算时，首先是银行贷款，然后才是工人工资、基本医疗保险等，再是担保部分的债权，最后是普通债权。而仅仅银行贷款部分就用去了破产财产的大部分，剩下部分偿还工人工资、基本医疗后，基本没有多少可以作为担保部分债权了……

⇒ 相关规定

《中华人民共和国企业破产法》第一百零九条规定：对破产人的

特定财产享有担保权的权利人，对该特定财产享有优先受偿的权利。

《中华人民共和国企业破产法》第一百一十条规定：享有本法第一百零九条规定权利的债权人行使优先受偿权利未能完全受偿的，其未受偿的债权作为普通债权；放弃优先受偿权利的，其债权作为普通债权。

⇛ 案例分析

依据上述规定，"对破产人的特定财产享有担保权"的部分不属于普通债权，具有优先受偿权。除去"特定财产"以外的部分才会考虑破产时的债权清偿顺序。因此，享有担保权的债权具有"绝对的"优先受偿权。

银行贷款具有优先受偿权，并不是因为银行贷款本身，而是因为银行贷款时采取了各种担保措施，如房屋抵押、土地使用权抵押等。若电费债权也同样采取了担保措施，那么用电户破产时，电费债权也跟银行贷款一样，享有优先受偿权。

根据前文所述，破产债权的清偿顺序为：首先是享有担保权的债权，其次是破产费用和公益债务，再次是破产人所欠职工的工资和医疗等，然后是破产人所缴的社会保险费用和税款，最后才是普通破产债权。

⇛ 防范措施

采用电费担保手段时，一定要严格按法律规定办理，如签订纸质的《电费担保合同》，合同签订合法有效；采用财产抵押一定要到相应部门办理抵押登记，是否存在重复抵押情况；注意担保合同和主合同的主从关系和有效期等。

2.《通知》的规定

与《中华人民共和国企业破产法》相比，国务院确定的"优化资本结构"试点城市适用《通知》规定，有利的是享受核销呆账、坏账政策，不利的是破产财产处理政策要首先保证职工安置的需要。但同样都保证了享有担保权的债权。

《通知》第一条规定："各有关城市人民政府要按照本通知，在实施企业破产中，采取各种有效措施，首先妥善安置破产企业职工，保持社会稳定。"

《通知》第六条规定："银行因企业破产受到的贷款本金、利息损失，应当严格按照国家有关规定，经国家有关银行总行批准后，分别在国家核定银行提取的呆账准备金和坏账准备金控制比例内冲销。"

《通知》第四条规定："破产企业作为抵押物的财产，债权人放弃优先受偿权利的，抵押财产计入破产财产；债权人不放弃优先受偿权利的，超过抵押债权的部分计入破产财产。"

3. 《中华人民共和国民事诉讼法》的规定

《中华人民共和国民事诉讼法》第三条规定："人民法院受理公民之间、法人之间、其他组织之间以及他们相互之间因财产关系和人身关系提起的民事诉讼，适用本法的规定。"

非法人企业破产与个体工商户、个人合伙等类型的市场主体的破产，属于公民之间的民事关系，因此适用于《中华人民共和国民事诉讼法》的有关规定。当然，《中华人民共和国担保法》有关规定也同样适用公民或自然人，因此，电费担保的债权具有优先受偿权，同样适用于非法人企业破产与个体工商户、个人合伙等类型的市场主体。

三、破产后手续办理

1. 关注破产公告

根据《中华人民共和国企业破产法》第十四条规定："人民法院应当自裁定受理破产申请之日起二十五日内通知已知债权人，并予以公告。通知和公告应当载明下列事项：（一）申请人、被申请人的名称或者姓名；（二）人民法院受理破产申请的时间；（三）申报债权的期限、地点和注意事项；（四）管理人的名称或者姓名及其处理事务的地址；（五）债务人的债务人或者财产持有人应当向管理人清偿债务或者交付财产的要求；（六）第一次债权人会议召开的时间和地点；（七）人民法院认为应当通知和公告的其他事项。"

人民法院受理破产案件后，应当自受理破产申请之日起25日内通知已知债权人，对于未知的债权人则公告通知。实践中常常出现因债务人提交的债务清册中没有列明电费债权，导致法院不通知供电公司。有的供电公司未看到法院在媒体上的公告，导致债权未能申报，丧失了受偿的最后机会。这就要特别关注媒体刊登公告的有关欠费客户的破产、重组等信息。

2．掌握债权申报时机

根据《中华人民共和国企业破产法》第四十五条："人民法院受理破产申请后，应当确定债权人申报债权的期限。债权申报期限自人民法院发布受理破产申请公告之日起计算，最短不得少于三十日，最长不得超过三个月。"

根据《中华人民共和国企业破产法》第四十九条："债权人申报债权时，应当书面说明债权的数额和有无财产担保，并提交有关证据。申报的债权是连带债权的，应当说明。"

供电公司应人民法院发布受理破产申请公告之日起计算，最短不得少于30日，最长不得超过3个月，向该法院申报债权；申报债权时，应列明债权性质、数额及有无财产担保、第三方保证等，并附详细的证据材料。

3．按时参加债权人会议

根据法院发布的破产公告中有关第一次债权人会议的时间，按时参加债权人会议；之后的债权人会议，由法院管理人通知。根据《中华人民共和国企业破产法》第六十三条："召开债权人会议，管理人应当提前十五日通知已知的债权人。"

通过债权人会议，及时行使表决权，最大限度地保证电费回收。根据《中华人民共和国企业破产法》第五十九条："依法申报债权的债权人为债权人会议的成员，有权参加债权人会议，享有表决权。"

根据《中华人民共和国企业破产法》第六十一条："债权人会议行使下列职权：（一）核查债权；（二）申请人民法院更换管理人，审查管理人的费用和报酬；（三）监督管理人；（四）选任和更换债权人委员会成员；（五）决定继续或者停止债务人的营业；（六）通过重整计划；（七）通过和解协议；（八）通过债务人财产的管理方案；（九）通过破产财产的变价方案；（十）通过破产财产的分配方案；（十一）人民法院认为应当由债权人会议行使的其他职权。债权人会议应当对所议事项的决议作成会议记录。"

债权人会议的最后决议，如重整、和解或宣布破产，对于全体债权人均有约束力。根据《中华人民共和国企业破产法》第六十四条："债权人会议的决议，由出席会议的有表决权的债权人过半数通过，并且其所代表的债权额占无财产担保债权总额的二分之一以上。但是，本法另有规定的除外。债权人会议的决议，对于全体债权人均有约束力。"

4．电费担保债权的申报

由于电费债权的特殊性，用电户申请破产时，当期电费并未到期，但仍可申报电费债权。根据《中华人民共和国企业破产法》第四十六条："未到期的债权，在破产申请受理时视为到期。"

采用第三方保证的电费担保债权，保证人已经代替破产客户清偿欠费的，由保证人对用电户的求偿权申报债权；未代替清偿的，供电公司可选择直接申报债权，也可选择要求保证人履行保证责任，由保证人对用电户的将来求偿权申报债权，此时应视用电户和保证人的清偿能力而定。根据《中华人民共和国企业破产法》第五十一条："债务人的保证人或者其他连带债务人已经代替债务人清偿债务的，以其对债务人的求偿权申报债权。债务人的保证人或者其他连带债务人尚未代替债务人清偿债务的，以其对债务人的将来求偿权申报债权。但是，债权人已经向管理人申报全部债权的除外。"

采用财产抵押、质押的电费担保债权，同样应申报电费债权，并注明担保方式。若法院管理人需取回质物，则必须通过清偿债务，或者提供为债权人接受的其他担保。根据《中华人民共和国企业破产法》第三十七条："人民法院受理破产申请后，管理人可以通过清偿债务或者提供为债权人接受的担保，取回质物、留置物。前款规定的债务清偿或者替代担保，在质物或者留置物的价值低于被担保的债权额时，以该质物或者留置物当时的市场价值为限。"

案例4-20　申请破产不还债，除非财产能受益，破产小组切关注。

某丝绸厂由于受市场经济疲软和企业内部管理等众多不利因素的影响，于2008年7月上旬申请破产，截止破产时，累计拖欠供电公司2008年6～7月电费合计18.5万元，供电公司抄表催费员上门催收电费时，企业负责人认为该企业已申请破产，不再承担任何债务。对此，供电公司一方面要求相关部门负责人主动上门向企业负责人问询，在企业破产过程中，有何工作需要供电部门协助解决和提供服务的，同时积极思考采取何种方法有利于追讨电费，在得知该企业已成立破产领导小组的情况下，供电公司积极寻求企业破产领导小组的支持，同时密切关注该企业在破产过程中的每一个法定程序，在得知该企业将于11月份开始进行固定资产拍卖时，供电公司立即安排相关人员上门与破产企业领导小组进行商谈，最终得到了破产企业的同意，并许诺拍卖款一到账就偿还供电公司的电费，至此一笔本已流失的电费，在坚持不懈的努力下全部追回。

⫸ 相关规定

《中华人民共和国企业破产法》第十六条规定：人民法院受理破产申请后，债务人对个别债权人的债务清偿无效。

《中华人民共和国企业破产法》第三十二条规定：人民法院受理破产申请前六个月内，债务人有本法第二条第一款规定的情形，仍对个别债权人进行清偿的，管理人有权请求人民法院予以撤销。但是，个别清偿使债务人财产受益的除外。

《中华人民共和国企业破产法》第三十一条规定：人民法院受理破产申请前一年内，涉及债务人财产的下列行为，管理人有权请求人民法院予以撤销：（一）无偿转让财产的；（二）以明显不合理的价格进行交易的；（三）对没有财产担保的债务提供财产担保的；（四）对未到期的债务提前清偿的；（五）放弃债权的。

⫸ 案例分析

企业申请破产并经法院受理后，无法偿还债务。人民法院受理破产申请前6个月内，仍对个别债权人进行清偿的，管理人有权请求人民法院予以撤销。但是，个别清偿使债务人财产受益的除外。因此只能通过与破产客户协商以固定资产拍卖款优先清偿电费等方式追讨电费。或者对于一些对有特殊供电要求、中断供电后财产损失严重的用电户，在用电户申请破产前，按"个别清偿使债务人财产收益"要求清偿电费债务。

如果客户破产一年以前，及时应用财产抵押登记等电费担保手段，实施电费风险防范措施，那么供电公司承担的风险就会大大缩小，只要欠费金额不超过被担保的主债务额度，则电费风险就在供电公司可控、在控范围内。

案例4-21　定期催费并签收，诉讼时效得延长，发现房产可抵押，破产暂缓以调解。

一、案例由来

某市经济适用房开发公司（以下简称"经房公司"，该公司为半官办性质）主要从事经济适用房开发，与供电公司签订有《供用电合同》。该公司1998年开始开发新苑小区，后新苑小区物业也由该公司管理。因该公司管理不善，经济效益不佳，自2000年起没有完全履行《供用电合同》交电费义务。供电公司每次依法停电催费，小区居民就将市政府围住闹事。2001年在市政府协调下，供电公司对该小区进行了一户一表改造，截至2001年底一户一表改造结束时尚欠电费42.1万元。

后供电公司对其办公用电进行停电催费，并经政府部门多次协调，至2003年9月又收回20.6万元，余款21.5万元一直没能收回。其间供电公司又多次下达催费通知，对方只签收不交费，直到供电公司对其终止供电。

2005年11月23日，供电公司委托律师事务所向经房公司送达了律师函，但收效甚微。后供电公司通过了解得知，该公司已两年多没发工资，办公场所被抵押，营业执照被吊销，且该公司已于2006年4月向市中级法院申请破产，法院正在审查过程中。一旦法院批准其进入破产程序，所欠电费将付之东流。为避免赢了官司却收不回电费局面的出现，供电公司认真组织进行多方调查，摸清该公司有没有可执行的财产。经努力，终于掌握了该公司仍有部分未出售房产，可作为申请法院强制执行的财产。于是，供电公司积极向法院反映情况，于5月份以经房公司有事业性人员为由要求法院暂缓批准经房公司破产申请，并做好证据收集工作；6月份，该供电公司对经房公司依法提起诉讼，递交诉状时告知经房公司在开庭前如不能偿还电费及违约金，供电公司将申请法院先行强制执行。

二、法庭调解

由于供电公司诉前证据资料非常完备且有完整的原始档案，加上2003年至今供电公司不断向经房公司下达《催费通知单》，使诉讼时效得以延续，且每次《催费通知单》中都注明具体欠费数额，对方均有签收确认。在强有力的证据面前，经房公司提出和解，供电公司坚持诉前执行，同意在法庭的主持下进行庭前调解。

后经法院调解，确定调解方案为：①被告10日内还清所欠电费。②由于被告面临破产边缘，支付能力有限，未能按约定支付电费并非故意违约，违约金部分应酌情支付。被告电费本金及违约金合计支付25万元。③本案诉讼费由被告承担。

三、电费债权有效实现

鉴于被告即将破产，供电公司本着迅速回收电费、违约金争取最大限度收取的原则，接受了法院的调解方案。8月21日，经房公司将其所余房产办理了抵押贷款，并于24日，供电公司接到经房公司一张27万元（包括供电公司作为原告先行垫付的2万元诉讼费）银行汇票，至此这起久拖未决的电费纠纷，以庭前调解方式画上了圆满的句号。

▥▥ 相关规定

《中华人民共和国民法通则》第一百三十五条规定：向人民法院请求保护民事权利的诉讼时效期间为二年，法律另有规定的除外。

《中华人民共和国民法通则》第一百四十条规定：诉讼时效因提起诉讼、当事人一方提出要求或者同意履行义务而中断。从中断时起，诉讼时效期间重新计算。

《中华人民共和国企业破产法》第十六条规定：人民法院受理破产申请后，债务人对个别债权人的债务清偿无效。

第九十五条规定：债务人可以依照本法规定，直接向人民法院申请和解；也可以在人民法院受理破产申请后、宣告债务人破产前，向人民法院申请和解。债务人申请和解，应当提出和解协议草案。

　　第九十六条规定：人民法院经审查认为和解申请符合本法规定的，应当裁定和解，予以公告，并召集债权人会议讨论和解协议草案。

案例分析

　　（1）以定期催收的方式保证诉讼时效的存续是确保案件胜诉的前提。自2003年至今，供电公司定期向经房公司下达《催费通知单》，且每次《催费通知单》均注明所欠电费具体数额，并由对方当事人签收确认。定期催费并让当事人签字确认保证了电费债权诉讼时效得以存续，这是本案之所以能胜诉的前提。根据《中华人民共和国民法通则》第一百四十条，供电公司定期催费并客户签收，符合诉讼时效因当事人一方提出要求而中断，从中断时起诉讼时效重新计算，保证了电费的诉讼时效得以存续。

　　（2）抓住时机是确保电费债权有效实现的关键。本案在对方尚未进入破产程序前，以舍弃部分违约金为代价，采用庭前调解方式有效实现电费债权，确保旧欠电费回收，避免了被告一旦进入破产程序电费回收无望的后果。事实证明，如不采取庭前调解方式，一味坚持全额支付电费本金及违约金，以经房公司现有的情况，很有可能等到法院下达判决书时也难以执行到位（法院对违约金数额能否全部支持还很难说）；而一旦进入破产程序，经房公司不会也不能以未售房产为抵押向银行贷款来偿还电费及违约金，到那时，只能是赢了官司却收不回一分钱。

　　（3）以档案基础资料为支撑的证据作用不容忽视。促使本案快速进入庭前调解的另一关键因素是供电公司档案基础资料在这起诉讼案中发挥了积极的作用。由于以《供用电合同》为主体的客户档案和有关电费发票及银行票据等基础资料齐全完备，很好地发挥了证据作用。正是在强有力的证据面前，经房公司不得不接受庭前调解，否则其有充足的时间坐等破产程序的到来。因此，加强档案基础管理是有效维护企业利益的重要组成部分。

参考文献

[1] 国家电网公司人力资源部. 国家电网公司生产技能人员职业能力培训专用教材抄表核算收费. 北京：中国电力出版社，2010.

[2] 国家电网公司营销部. 国家电网公司营销服务培训题库. 北京：中国电力出版社，2013.

[3] 李卫东. 电力营销典型案例与风险防范. 北京：中国电力出版社，2012.

[4] 孔繁钢，等. 电力营销一线员工作业一本通——抄表催费. 北京：中国电力出版社，2013.

[5] 闫刘生. 电力营销基本业务与技能. 北京：中国电力出版社，2006.

[6] 姜力维. 电费风险防范与清欠. 北京：中国电力出版社，2012.

[7] 国家电网公司. 国家电网公司电力安全工作规程. 北京：中国电力出版社，2009.

[8] 王党席，任工昌，刘海萍. 基于 GPRS 的远程抄表系统研究与实现. 光机电信息，2009，26(7):39-43.

[9] 杨娟. 自动抄表系统的现状及应用. 四川电力技术，2009，32(4)：85-87.